Sylwia Śliwińska-Wilczewska
Adam Latała
Jakub Maculewicz

Interações alelopáticas de cianobactérias e microalgas

Sylwia Śliwińska-Wilczewska
Adam Latała
Jakub Maculewicz

Interações alelopáticas de cianobactérias e microalgas

ScienciaScripts

Cover image: www.ingimage.com

This book is a translation from the original published under ISBN 978-620-2-06155-1.

Publisher:
Sciencia Scripts
is a trademark of
Dodo Books Indian Ocean Ltd. and OmniScriptum S.R.L publishing group

120 High Road, East Finchley, London, N2 9ED, United Kingdom
Str. Armeneasca 28/1, office 1, Chisinau MD-2012, Republic of Moldova, Europe
Managing Directors: Ieva Konstantinova, Victoria Ursu
info@omniscriptum.com

Printed at: see last page
ISBN: 978-620-8-41226-5

Índice

Resumo

A alelopatia é um dos factores que contribuem para a formação e manutenção de florescências de cianobactérias e microalgas, que afectam fortemente os ecossistemas marinhos costeiros e causam problemas económicos à aquicultura. Além disso, algumas cianobactérias e microalgas produzem compostos nocivos que podem ter efeitos negativos nas plantas, nos animais e mesmo nos seres humanos. Nas últimas décadas, as águas costeiras do mundo registaram um aumento do número de eflorescências de algas nocivas. Além disso, foi descrito que as florescências de cianobactérias e microalgas estão a ocorrer em mais áreas do que nunca e, atualmente, este fenómeno é relatado regularmente. No entanto, apesar da gravidade do problema, os relatórios sobre a ocorrência e as consequências dos efeitos alelopáticos das cianobactérias e microalgas nos ecossistemas aquáticos são ainda insuficientes. Por conseguinte, é importante realizar um estudo mais intensivo deste fenómeno.

A produção de compostos alelopáticos pelo fitoplâncton foi identificada em vários grupos taxonómicos, como as cianobactérias, os dinoflagelados, as algas verdes, as algas douradas e as diatomáceas. Além disso, no ambiente natural, as cianobactérias e as microalgas são capazes de segregar toxinas e outros metabolitos secundários que afectam o ecossistema circundante. Muitos factores ambientais bióticos e abióticos foram testados quanto aos seus efeitos na produção de metabolitos secundários e toxinas, mas o seu efeito na ocorrência do fenómeno de alelopatia é ainda insuficientemente compreendido. Vários estudos indicaram que a especificidade dos organismos dadores e dos organismos-alvo (incluindo diferenças entre estirpes), a sua posição taxonómica e o tamanho das células, a fase de crescimento dos organismos analisados, a quantidade ou a frequência das adições de filtrado sem células e a concentração de células podem ser factores bióticos significativos que influenciam a alelopatia das cianobactérias e das microalgas. Além disso, estudos demonstraram que a produção de substâncias alelopáticas por cianobactérias e microalgas é também regulada por diferentes factores abióticos, como a luz, a temperatura, o pH e a disponibilidade de nutrientes. Os compostos alelopáticos produzidos por cianobactérias e microalgas podem afetar o ecossistema circundante, mas muitos destes metabolitos ainda não foram descritos e caracterizados, quer em termos de composição química, quer do possível mecanismo de ação sobre o organismo-alvo. Na maioria dos casos, os compostos alelopáticos causam a morte dos organismos-alvo ou diminuem a sua taxa de crescimento e biomassa. Os mecanismos de ação menos frequentemente observados são a inibição da atividade enzimática, a inibição da síntese de ARN e da replicação do ADN, a danificação da membrana celular e a inibição da fotossíntese.

Uma melhor compreensão dos factores que afectam a libertação de compostos alelopáticos e dos modos da sua ação sobre os organismos e o ecossistema circundante pode ser importante para explicar o fenómeno do aparecimento de florescências maciças de cianobactérias e microalgas nos ecossistemas aquáticos. A compreensão dos mecanismos e das consequências do efeito alelopático das cianobactérias e das microalgas deve, pois, ser considerada essencial e fundamental para a investigação futura.

1. Caraterísticas gerais do fenómeno de alelopatia

O termo "alelopatia" vem da palavra grega *allelon* que significa mútuo e *pathos* que significa prejudicial. Este termo foi proposto pela primeira vez em 1937 pelo professor Hans Molisch (Molisch, 1937). Ele utilizou-o para determinar as interações entre plantas através de compostos químicos. Ao longo dos anos, este termo evoluiu porque os autores encontraram novos organismos capazes de interações alelopáticas. Rice (1984) incluiu os microrganismos nesta definição e considerou os efeitos positivos e negativos das substâncias químicas segregadas. A definição de alelopatia inclui por vezes também a defesa contra predadores (Rizvi e Rizvi, 1992). Por outro lado, Inderjit e Dakshini (1994) salientaram que a atividade alelopática ocorre no ambiente aquático entre cianobactérias e microalgas. Em 1996, a Sociedade Internacional de Alelopatia (IAS, 1996) unificou esta definição, indicando que a alelopatia inclui qualquer processo que envolva organismos capazes de produzir metabolitos biologicamente activos, afectando o desenvolvimento de outras espécies vegetais e animais (Legrand et al., 2003). Esta definição não só inclui os efeitos positivos e negativos destas relações, como também envolve a coevolução (Hairston et al., 2001). Pensa-se que a alelopatia é uma estratégia especial dos organismos destinada a desencorajar ou eliminar os concorrentes e os predadores que vivem no mesmo ecossistema (Graneli et al., 2008a). Os metabolitos produzidos e libertados no ambiente por vários organismos dadores foram designados por compostos alelopáticos ou aleloquímicos (Leflaive e Ten-Hage, 2007).

No ambiente aquático existem vários tipos de efeitos alelopáticos (Fig. 1). A alelopatia nos ecossistemas aquáticos depende da produção e secreção suficientes de compostos alelopáticos activos e da sua disseminação eficaz para os organismos-alvo (Lewis, 1986). Em ambientes aquáticos, os compostos alelopáticos são transferidos juntamente com as massas de água (Wolfe, 2000). Os compostos com baixo peso molecular são transferidos mais rapidamente em ambientes aquáticos. Por conseguinte, a distância entre as células que segregam metabolitos secundários é muito importante, especialmente na zona pelágica. Os efeitos alelopáticos também ocorrem em habitats bentónicos (Leflaive e Ten-Hage, 2007). Nestes habitats, os organismos encontram-se por vezes a uma distância menor uns dos outros do que na zona pelágica. Além disso, no biofilme existe frequentemente um contacto direto entre as células dadoras e as células-alvo, que competem pelo espaço, pelo acesso à luz e pelos nutrientes. Esta competição por recursos pode ser crucial para o desenvolvimento de interações alelopáticas entre organismos. Por conseguinte, o biofilme parece ser um ambiente em que as interações alelopáticas entre organismos podem ser significativas, mas não existem muitos relatórios que descrevam este fenómeno (Juttner, 1999). Contrariamente ao ambiente terrestre, a demonstração inequívoca da interação alelopática no ambiente aquático é muito difícil. É por isso que os estudos que demonstram os efeitos alelopáticos entre os fotoautótrofos aquáticos se baseiam na realização de uma série de experiências laboratoriais.

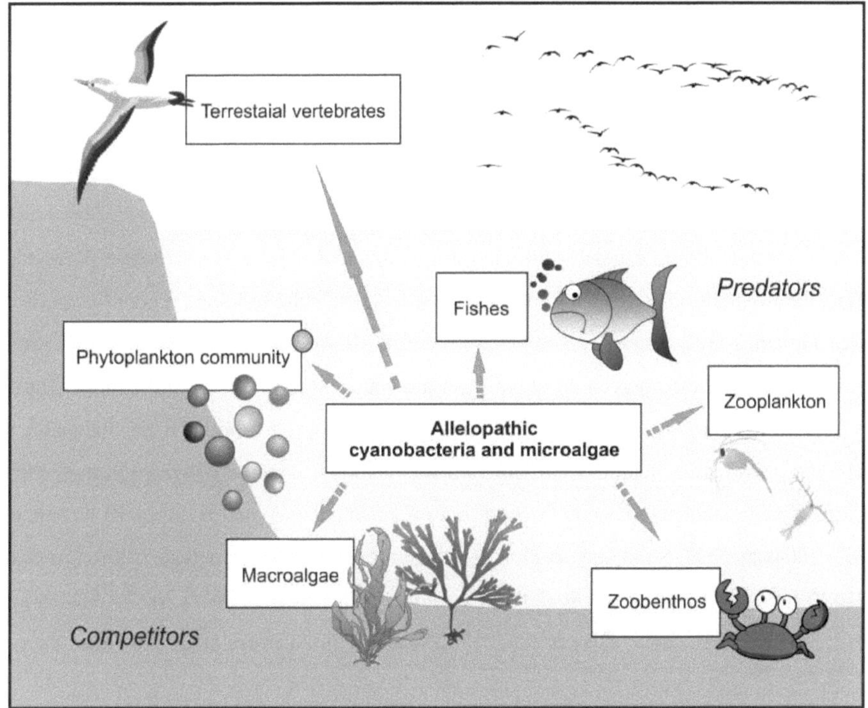

Fig. 1. Exemplos de possíveis tipos de interações alelopáticas de cianobactérias e microalgas em ecossistemas aquáticos (Leflaive e Ten-Hage, 2007).

Existem vários estudos clássicos sobre a alelopatia entre cianobactérias e microalgas. A alelopatia das espécies fitoplanctónicas foi provavelmente registada pela primeira vez por Harder (1917), que observou uma auto-inibição nas antigas culturas de *Nostoc punctiforme*. Mais de uma década mais tarde, Akehurst (1931) afirmou que a alelopatia é um fator que influencia a sucessão de algumas espécies de microalgas. Pratt (1940) observou pela primeira vez que os compostos segregados pela *Chlorella vulgaris* limitavam o crescimento de outras células microalgais. Estas substâncias foram designadas por clorelina, que, em trabalhos posteriores, demonstraram ter propriedades antibióticas (Pratt et al., 1944). Lefevre et al.

(1952) demonstraram diferentes relações, tanto estimulantes como inibidoras, entre muitas espécies de algas verdes e cianobactérias. McVeigh e Brown (1954) observaram uma estimulação ou inibição do crescimento celular em co-culturas de *Haematococcus pluvialis* e *Chlamydomonas chlamydogama*, dependendo do meio de cultura utilizado e do tempo de exposição. Proctor (1957) demonstrou que as substâncias extracelulares produzidas por *Chlamydomonas reinhardi* causavam a morte das células *de Haematococcus pluvialis* em co-culturas. Rice (1954) demonstrou que as espécies de fitoplâncton de água doce podem afetar a sucessão de outras espécies. Mostrou também que nos charcos onde a *Pandorina* sp. foi registada, o crescimento da *Chlorella* sp. e *da Nitzschia* sp. foi inibido. A alelopatia das algas não se restringe apenas às espécies de água doce. As diatomáceas *Skeletonema costatum* e *Thalassionema nitzschioides* do Mar Negro têm um efeito estimulante ou inibidor uma sobre a outra, dependendo do estado fisiológico das células e da fase de crescimento (Kustenko, 1975). Para além disso, Pratt (1966) observou que as substâncias produzidas por *Olisthodiscus leteus* inibiam o crescimento de *S. costatum.* Também foi relatado que *Pandorina* sp. é capaz de libertar compostos nocivos de baixo peso molecular, que inibem a fotossíntese (Harris, 1971a,b; Harris, 1974). Atualmente, o número de relatos do fenómeno de alelopatia no ambiente aquático aumentou significativamente e muitos autores demonstraram o efeito alelopático de cianobactérias e microalgas em organismos-alvo (por exemplo, Fistarol et al., 2003; 2004a,b; 2005; Suikkanen et al, 2004; Gantar et al., 2008; Shao et al., 2009; Liu et al., 2010; Ji et al., 2011; Antunes et al., 2012; Lyczkowski e Karp-Boss, 2014; Zak e Kosakowska, 2015; Barreiro et al., 2017; Dias et al., 2017; Sliwinska-Wilczewska et al., 2017a,b; Wang et al., 2017).

Os efeitos alelopáticos são generalizados e ocorrem em todos os ecossistemas aquáticos (Gross, 2003). Algumas espécies de fitoplâncton são capazes de produzir e libertar metabolitos secundários que afectam o crescimento e as funções vitais de muitos outros organismos (por exemplo, Engstrom-Ost et al, 2002; Graneli e Johansson, 2003a,b; Fistarol et al., 2004a,b; 2005; Kubanek et al., 2005; Suikkanen et al., 2005; Barreiro et al., 2017; Dias et al., 2017; Sliwinska-Wilczewska et al., 2017a,b; Wang et al., 2017). Estes compostos podem ter propriedades antimicrobianas, antifúngicas e antivirais (Gross, 2003; Legrand et al., 2003; Berry et al., 2008; Leao et al., 2012). De acordo com Graneli et al. (2008b), existem atualmente cerca de 40 espécies de fitoplâncton que apresentam efeitos alelopáticos sobre outros microrganismos. A produção de compostos alelopáticos por espécies de fitoplâncton foi identificada em cianobactérias, algas verdes, dinoflagelados, diatomáceas e algas douradas (Kearns e Hunter, 2000; Graneli e Johansson, 2003a,b; Gross, 2003; Legrand et al., 2003; Chiang et al., 2004; Zak e Kosakowska, 2015). Entre as espécies capazes de segregar compostos alelopáticos nos ecossistemas marinhos encontram-se sobretudo dinoflagelados e algas douradas, enquanto as cianobactérias dominam na água doce e no ambiente salobro (Graneli et al., 2008a).

O conceito de alelopatia é universalmente aceite pelos investigadores, mas nem sempre é entendido da mesma forma. Alguns investigadores descrevem o fenómeno da alelopatia e a competição interespecífica por recursos (luz, nutrientes, dióxido de carbono) (Larsen e Bryant, 1998) e consideram que é impossível separar estes dois mecanismos nos ecossistemas naturais (Igarashi et al., 1999). Por outro lado, Uchida (2001) classifica a alelopatia e a competição como processos separados que podem ocorrer independentemente ao mesmo tempo. Pensa-se que a alelopatia é simultaneamente antagónica e sinérgica, e que o efeito alelopático é um processo muito mais complexo do que o observado em experiências laboratoriais. Os cientistas acreditam que existe uma maior diversidade de compostos alelopáticos no ecossistema aquático do que no ambiente terrestre (McClintock e Baker, 2001). No entanto, o papel da alelopatia em ambientes aquáticos é ainda relativamente desconhecido (Sole et al., 2005). Os dados da literatura indicam que os efeitos alelopáticos causam a vantagem competitiva de algumas espécies de fitoplâncton através da eliminação de espécies fisiologicamente mais fracas (Sarkar et al., 2006). Pensa-se também que a alelopatia pode afetar a sucessão de espécies, incluindo a competição entre cianobactérias e microalgas (Legrand et al., 2003). Assim, por vezes, a alelopatia pode ser uma estratégia eficaz de algumas espécies de fitoplâncton que causam florescimentos maciços em muitos habitats aquáticos (Kubanek et al., 2005). Além disso, as florações de cianobactérias e microalgas são frequentemente quase monoespecíficas, o que sugere a existência de um mecanismo importante que as torna superiores a outras espécies de fitoplâncton. Por conseguinte, na última década, os efeitos alelopáticos das cianobactérias e microalgas são intensamente estudados (Barreiro et al., 2017; Dias et al., 2017; Sliwinska-Wilczewska et al., 2017a,b; Wang et al., 2017).

2. Métodos de análise da alelopatia

Atualmente, a investigação sobre alelopatia centra-se numa melhor compreensão dos factores ambientais que afectam a produção de compostos alelopáticos, na identificação destes compostos e na caraterização do seu modo de ação nos organismos-alvo. Por conseguinte, para reconhecer o fenómeno da alelopatia, é necessário utilizar uma série de métodos diferentes, desde estudos clássicos de cultura até análises fisiológicas e químicas avançadas (Fig. 2). Embora os primeiros relatos de alelopatia provenham de observações ambientais (Keating, 1977; Akehurst, 1931), é fortemente necessário um estudo laboratorial pormenorizado para determinar as interações exactas entre cianobactérias e microalgas (Leflaive e Ten-Hage, 2007).

Métodos de análise da alelopatia

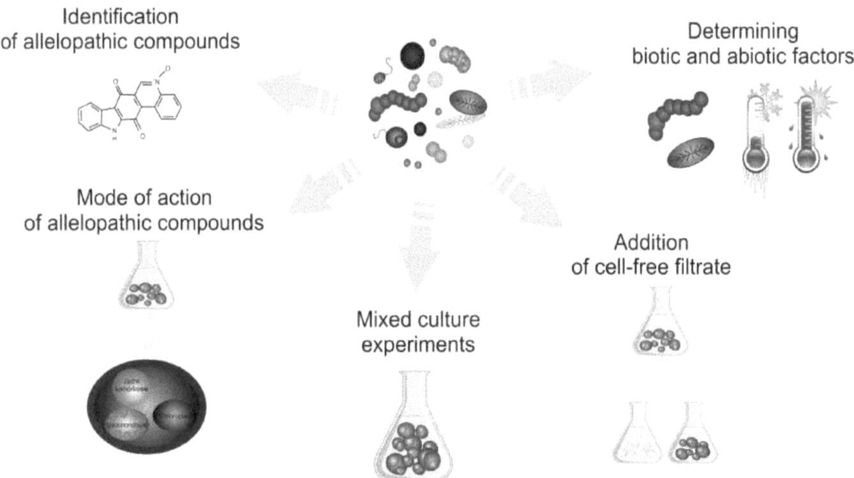

Fig. 2. Métodos mais utilizados para a investigação do fenómeno da alelopatia.

Um dos métodos mais comuns para estudar o fenómeno da alelopatia é a "cultura cruzada". Neste método, o filtrado sem células obtido a partir de uma cultura dadora com meios enriquecidos em nutrientes é adicionado ao organismo-alvo para examinar o efeito dos compostos alelopáticos naturalmente libertados no ambiente (Legrand et al., 2003). Este método é útil em experiências alelopáticas que incluem tanto monoculturas como comunidades naturais de plâncton (Fistarol et al., 2004a; Suikkanen et al., 2004). No entanto, a utilização de um filtrado isento de células para determinar as interações alelopáticas é um método preferido, uma vez que exclui o contacto direto entre as células dadoras e as células-alvo, em que os organismos examinados poderiam competir por nutrientes (Suikkanen et al., 2005). Além disso, outros autores mostraram que o meio mineral é tão rico em nutrientes que, frequentemente, menos de 10-15% dos compostos principais são consumidos por cianobactérias e microglares durante a experiência (Schmidt e Hansen, 2001). Assim, acredita-se que outros factores para além da limitação de nutrientes são responsáveis pela inibição de crescimento observada nas espécies-alvo.

Contudo, nas experiências que contêm apenas adições únicas de filtrado, o efeito alelopático pode por vezes desaparecer durante alguns dias de exposição devido à degradação de compostos alelopáticos pela luz e presença bacteriana, ou ativação de mecanismos de defesa em organismos alvo (Suikkanen et al., 2004; Fistarol et al., 2005). Estudos recentes mostraram que a adição repetida de filtrado tem um efeito maior do que a adição única do filtrado em organismos-alvo (Suikkanen et al., 2004; Fistarol et al., 2005). Todos estes relatórios indicam que alguns dos compostos alelopáticos produzidos por cianobactérias e microalgas não são persistentes, pelo que uma única adição de filtrado pode não ser representativa nos habitats aquáticos e os efeitos observados podem ser subestimados (Graneli et al., 2008a; Barreiro e Vasconcelos, 2014). Nos ecossistemas aquáticos, os compostos alelopáticos são presumivelmente libertados constantemente no meio, pelo que as experiências que incluem adições repetidas de filtrado criam uma situação mais provável no ambiente natural. Por conseguinte, acredita-se que os efeitos da adição única e repetida de filtrado devem ser examinados e comparados. As experiências com uma única adição de filtrado revelam a presença do fenómeno alelopático das cianobactérias e microalgas, enquanto a adição múltipla do filtrado torna o efeito observado mais forte e mais próximo do ambiente natural (Suikkanen et al., 2004; Fistarol et al., 2005).

Existe também um segundo método para estudar os efeitos alelopáticos, designado "culturas mistas" ou "co-culturas". Neste método, espécies potencialmente alelopáticas crescem juntamente com organismos-alvo num meio que assegura o crescimento ativo dessas espécies (por exemplo, Graneli e Hansen, 2006; Gantar et al., 2008). No entanto, alguns cientistas observaram que, neste método, o efeito da competição por recursos pode complicar significativamente a interpretação dos resultados (Graneli e Hansen, 2006; Fig. 3).

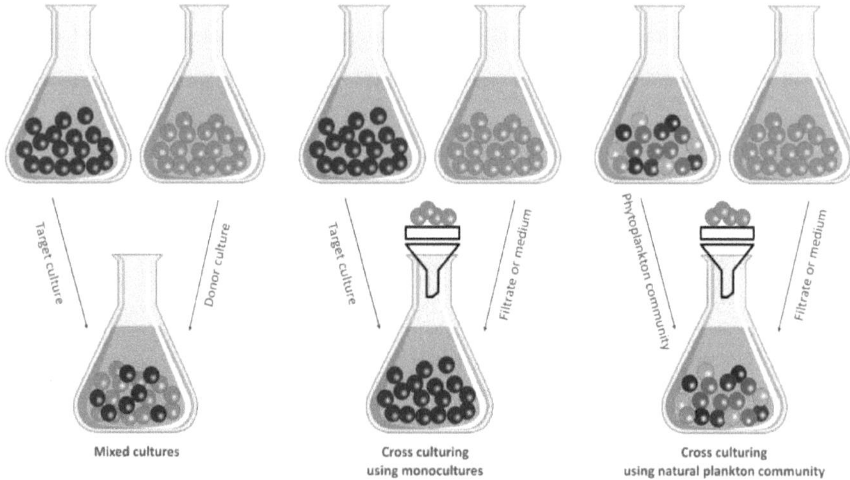

Fig. 3. Esquema das experiências que descrevem as interações alelopáticas entre cianobactérias e microalgas utilizando os métodos de "culturas cruzadas" e "culturas mistas".

Os compostos alelopáticos produzidos por cianobactérias e microalgas podem afetar o ecossistema circundante e causar uma variedade de respostas nos organismos-alvo, mas os factores abióticos e bióticos que afectam o fenómeno da alelopatia, bem como os modos de ação exactos, não são totalmente compreendidos. Na maioria dos casos, o estudo centra-se na demonstração do efeito de compostos alelopáticos contidos no filtrado (por exemplo, Antunes et al., 2012; Zak et al., 2012; Zak e Kosakowska, 2015; Dias et al., 2017) ou em culturas vivas (por exemplo, Yamasaki et al., 2007; Ji et al., 2011; Dias et al., 2017; Wang et al., 2017) na mortalidade de organismos-alvo ou na inibição do seu crescimento. O número de células nas culturas é geralmente contado num microscópio ótico ou medido pela densidade ótica da suspensão celular. Por vezes, o crescimento é avaliado por medições de fluorescência in vivo utilizando um leitor de microplacas (Gregor et al., 2008). Além disso, alguns estudos investigaram o efeito de compostos alelopáticos no conteúdo de pigmentos (Suikkanen et al., 2006; Antunes et al., 2012; Sliwinska- Wilczewska et al., 2017a,b), na fluorescência da clorofila (Sliwinska-Wilczewska et al., 2016; 2017a) e na fotossíntese (von Elert e Juttner, 1997; Gantar et al., 2008; Sliwinska-Wilczewska et al., 2016).

O isolamento de compostos alelopáticos e o reconhecimento da sua estrutura química requerem métodos avançados como a ressonância magnética, os raios X, o UV, a cromatografia líquida de alta eficiência, a cromatografia gasosa e a espetrometria de massa. O principal problema na determinação e isolamento de compostos alelopáticos é a sua produção em quantidades muito pequenas, o que faz com que os métodos analíticos sejam demorados, muito dispendiosos e frequentemente ineficazes (Leflaive e Ten-Hage, 2007). Além disso, as cianobactérias e as microalgas podem produzir muitos compostos diferentes sob a influência de factores ambientais. Além disso, a composição e as propriedades destes compostos dependem também do estado fisiológico dos organismos dadores. Por conseguinte, muitos autores não se comprometem a determinar a composição completa dos compostos alelopáticos, limitando a sua investigação apenas à análise de um único composto previamente identificado ou, mais frequentemente, demonstrando a presença de compostos alelopáticos no filtrado isento de células.

3. Factores ambientais que afectam o fenómeno da alelopatia

No ambiente natural, há muitos factores que podem afetar simultaneamente a produção e a secreção de produtos aleloquímicos (Gross, 2003). No entanto, apenas alguns estudos documentaram o efeito de factores bióticos ou abióticos na ocorrência de interações alelopáticas entre espécies dadoras e espécies-alvo (Graneli e Johansson, 2003a,b; Graneli et al., 2008a; Antunes et al., 2012; Lyczkowski e Karp-Boss, 2014; Sliwinska-Wilczewska et al., 2016). Isto não é uma surpresa, uma vez que a maioria dos compostos alelopáticos ainda não foi reconhecida e caracterizada. Acredita-se que os factores abióticos e bióticos podem afetar a produção de compostos alelopáticos (Graneli e Johansson, 2003a,b; Graneli e Hansen, 2006). Os mesmos factores podem também afetar a sensibilidade do organismo alvo (Tang et al., 1995; Reigosa et al., 1999). Assim, os factores ambientais que aumentam a intensidade dos efeitos alelopáticos podem também alterar a relação entre os organismos dadores e os organismos-alvo que ocorrem no mesmo ecossistema aquático.

3.1. Factores bióticos que afectam o fenómeno da alelopatia

Os factores bióticos mais importantes que influenciam o fenómeno da alelopatia são a especificidade dos organismos dador e alvo (incluindo diferenças mesmo entre estirpes), a sua posição taxonómica e o tamanho das células. Além disso, a fase de crescimento dos organismos analisados, a quantidade ou frequência das adições de filtrado sem células e a concentração de células podem ser factores bióticos significativos que influenciam a alelopatia das cianobactérias e microalgas. Além disso, no contexto das interações alelopáticas, é também examinado o papel potencial das bactérias heterotróficas presentes no filtrado (Suikkanen et al., 2004; 2006; Lyczkowski e Karp-Boss, 2014; Fig. 4).

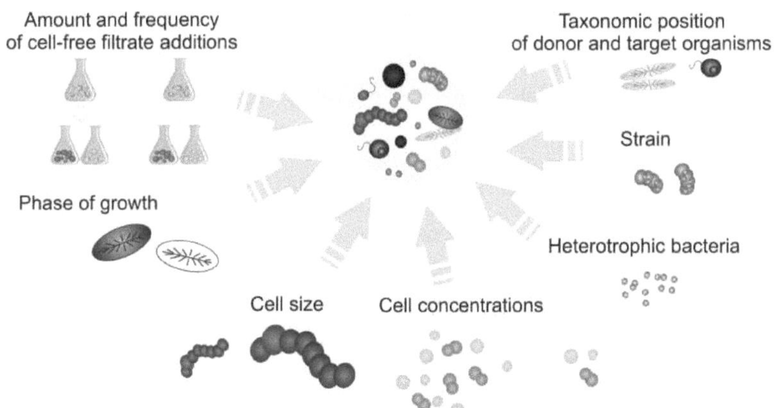

Fig. 4. Exemplos de possíveis factores bióticos que afectam a alelopatia de cianobactérias e microalgas em ecossistemas aquáticos.

3.1.1. Seleção dos organismos dador e alvo

Um fator importante que determina a ocorrência do fenómeno de alelopatia é a seleção adequada dos organismos dadores e dos organismos-alvo. Atualmente, são conhecidas cerca de 40 espécies de fitoplâncton com propriedades alelopáticas (Graneli et al., 2008a). Este impacto depende do organismo dador e do organismo alvo, da sua posição taxonómica e do seu tamanho celular. Normalmente, os organismos dadores podem afetar vários organismos, mas não todos os organismos-alvo. Do mesmo modo, os organismos-alvo são susceptíveis a vários compostos alelopáticos libertados pelas espécies dadoras, mas não a todos (Fistarol et al., 2003; 2004a; Suikkanen et al., 2004; Fistarol et al., 2005).

Em muitos estudos, observou-se que a intensidade do efeito alelopático varia consoante o organismo-alvo (por exemplo, Schmidt e Hansen, 2001; Barreiro e Vasconcelos, 2014; Barreiro et al., 2017; Sliwinska-Wilczewska et al., 2017a,b). *Prymnesium parvum* é uma espécie que produz compostos alelopáticos que afectam negativamente as comunidades fitoplanctónicas. A inibição do crescimento de espécies-alvo na presença de filtrado livre de células obtido de *P. parvum* mostrou que alguns grupos de plâncton, como diatomáceas, pequenos flagelados e ciliados, são mais susceptíveis do que dinoflagelados e cianobactérias

(Fistarol et al., 2003). Schagerl et al. (2002) também mostraram que o extrato de *Anabaena torulosa* inibe o crescimento de apenas algumas espécies de microalgas e cianobactérias. Os autores observaram que *Pseudocapsa* sp. e *Nostoc* sp. são as espécies mais sensíveis, sendo o seu crescimento completamente inibido pelo extrato obtido da cianobactéria analisada. Por outro lado, *Klebsormidium* sp. é resistente a estes extractos. O efeito diferente dos compostos alelopáticos deve-se à diferente sensibilidade das espécies-alvo e pode, adicionalmente, estar relacionado com a composição e a biomassa do fitoplâncton (Sliwinska-Wilczewska et al., 2017b). Assim, os compostos alelopáticos podem ser benéficos para as espécies dadoras que os libertam, limitando o número de potenciais concorrentes. Muitos metabolitos secundários têm propriedades antialgas, antimicrobianas, antiparasitárias, antivirais e antifúngicas (Gross, 2003). Por conseguinte, a produção e a libertação de substâncias metabólicas de várias caraterísticas podem dar uma vantagem competitiva às espécies dadoras e construir as suas estratégias eficazes (Graneli e Hansen, 2006). Um bom exemplo pode ser *Chrysochromulina polylepis,* que é conhecida pela produção de vários compostos alelopáticos. Verificou-se que, durante a ocorrência de florescências de *C. polylepis* nas águas escandinavas, os pequenos predadores (flagelados heterotróficos, ciliados e crustáceos) nas águas superficiais são fortemente inibidos e a abundância e biomassa das bactérias é extremamente baixa (Nielsen et al., 1990). Pensa-se que os compostos alelopáticos produzidos e libertados por algumas espécies dadoras podem afetar a comunidade de plâncton e, assim, alterar a sua estrutura (Fistarol et al., 2004a).

Fistarol et al. (2003; 2004a) verificaram que a diatomácea *Thalassiosira weissflogii* é fortemente inibida pelo filtrado de *P. parvum* e apenas ligeiramente limitada pelo filtrado de *Alexandrium tamarense.* Por outro lado, *A. tamarense* mostra um efeito mais forte em pequenos flagelados do que em diatomáceas. Os dados apresentados sugerem que o efeito alelopático pode ser devido à especificidade do grupo de algas-alvo. Além disso, os organismos dadores podem produzir compostos alelopáticos com caraterísticas diferentes. Este efeito diferente das espécies dadoras no alvo e a resistência variável das espécies alvo podem ser importantes para a sucessão de cianobactérias e microalgas no ambiente aquático.

Uma vez que a alelopatia envolve a libertação de substâncias químicas no ambiente, o seu efeito deve depender da concentração das células dadoras e das células-alvo (Schmidt e

Hansen, 2001; Tillmann e John, 2002; Tillmann, 2003). Concentrações mais elevadas de células de cianobactérias e microalgas resultam num aumento da secreção dos compostos e, por conseguinte, numa maior exposição das espécies-alvo aos seus efeitos nocivos (Schmidt e Hansen, 2001; Tillmann, 2003). O aumento das interações alelopáticas associado ao aumento da concentração de células dadoras foi demonstrado para vários grupos de fitoplâncton, como as prymnesiophytes e os dinoflaggelados (Schmidt e Hansen, 2001; Tillmann e John, 2002; Tillmann, 2003). Outros estudos mostraram que o efeito alelopático de *P. parvum* e *Alexandrium* spp. diminui à medida que a concentração de organismos-alvo aumenta (Tillmann, 2003). Verificou-se também que algumas espécies podem perder a sua atividade na fase estacionária de crescimento, mesmo que a densidade celular seja ainda muito elevada (Schmidt e Hansen, 2001). Antunes et al. (2012) observaram que o efeito alelopático observado em *Ankistrodesmus falcatus* é influenciado pelo tempo de exposição aos compostos alelopáticos, enquanto a densidade celular inicial de *C. raciborskii* não é significativa. Acredita-se que a inibição do crescimento observada nos organismos-alvo não se deve apenas a um fator e é consistente com a abordagem de que muitos factores podem afetar o fenómeno da alelopatia (Gross, 2003). A atividade alelopática é observada tanto em altas como em baixas densidades de cianobactérias e microalgas. Antunes et al. (2012) sugeriram que a falta de correlação entre a atividade alelopática e a densidade celular pode sugerir que algumas espécies dadoras têm controlo sobre a produção de compostos alelopáticos.

Também foi relatado que os efeitos alelopáticos podem depender da estirpe da espécie dadora. Fistarol et al. (2004b) mostraram que duas estirpes diferentes de *C. polylepis* (CCMP 289 e K-0259) apresentam efeitos alelopáticos diferentes sobre a *Scrippsiella trochoidea.* O filtrado obtido da estirpe 289 do CCMP causou uma mortalidade significativamente mais elevada de *S. trochoidea* do que a estirpe K-0259. Por outro lado, a estirpe K-0259 provocou a formação de quistos temporários das espécies mencionadas. Os efeitos alelopáticos das diferentes estirpes foram também demonstrados no caso de *Cylindrospermopsis raciborskii.* As estirpes LS118 e LS124 inibem fortemente a atividade do PSII da alga verde *Coelastrum sphaericum,* enquanto a estirpe LS117 *de C. raciborskii* não apresenta qualquer efeito alelopático (Figueredo et al., 2007).

Verificou-se que o tamanho das células das espécies-alvo também pode ser importante para os efeitos alelopáticos observados. Schmidt e Hansen (2001) mostraram que o tamanho das algas-alvo desempenha um papel na sua sensibilidade aos metabolitos *de C. polylepis*, porque os organismos pequenos são mais sensíveis aos aleloquímicos do que as espécies grandes.

Além disso, entre as microalgas sensíveis aos aleloquímicos *de C. polylepis*, foi observada uma correlação positiva entre o efeito e o tamanho das células das espécies-alvo *(Skeletonema costatum, Rhodomonas marina, Dictyocha speculum, Gymnodinium mikimotoi, Heterocapsa triquetra, Prorocentrum minimum, Heterosigma akashiwo)*. Lyczkowski e Karp-Boss (2014) também mostraram que o filtrado obtido de culturas de *Alexandrium fundyense* afecta negativamente a diatomácea *Thalassiosira* cf. *gravida*, e o efeito observado depende do tamanho das células do organismo estudado.

Parte-se do princípio de que a taxa de crescimento é inversamente proporcional ao tamanho da célula, pelo que as células maiores são caracterizadas por um metabolismo mais lento (Amato et al., 2005). Por outro lado, a elevada taxa de metabolismo alcançada por células pequenas pode fazer com que os compostos alelopáticos entrem mais rapidamente na célula.

Assim, as espécies com diferentes tamanhos de células devem apresentar uma resposta diferente aos aleloquímicos (Lyczkowski e Karp-Boss, 2014). Os autores sugeriram que é necessário um maior número de compostos alelopáticos para que organismos maiores observem o efeito alelopático, pois o mesmo volume de adição de filtrado para organismos maiores pode não ser suficiente para observar um efeito prejudicial em comparação com organismos menores.

Além disso, Schmidt e Hansen (2001) sugeriram que as microalgas maiores requerem tempos de exposição mais longos para observar o efeito alelopático. Por outro lado, os compostos alelopáticos podem danificar as membranas celulares externas (Ma et al., 2011), indicando que as grandes áreas e o pequeno volume das células-alvo também podem ser importantes para o efeito alelopático.

Além disso, as diferenças nas respostas podem depender de outras diferenças fisiológicas, como a especificidade das paredes ou membranas celulares (Ribalet et al., 2007).

3.1.1. Comparação do filtrado livre de células obtido nas fases exponencial e estacionária do crescimento

Um fator biótico importante que influencia as interações alelopáticas é a fase de crescimento do organismo dador. A produção e secreção de metabolitos secundários que inibem o crescimento de espécies concorrentes é um mecanismo fundamental para a sucessão do fitoplâncton (Keating, 1977; Smayda, 1997), especialmente em águas eutróficas (Maestrini e Bonin, 1981). Pensa-se que os compostos alelopáticos podem ser libertados em concentrações variáveis pelos organismos dadores, dependendo das suas fases de crescimento (Kubanek et al., 2005). Tanto as culturas em crescimento exponencial como as culturas em fase estacionária de crescimento podem apresentar efeitos alelopáticos noutros organismos (Schmidt e Hansen, 2001; Suikkanen et al., 2004). Suikkanen et al. (2004) mostraram que o filtrado obtido da cultura de *N. spumigena* da fase exponencial de crescimento tem um efeito alelopático negativo sobre *Thalassiosira weissflogii* e *Rhodomonas* sp. enquanto o filtrado de culturas estacionárias não mostra qualquer efeito significativo sobre as espécies mencionadas. Também Yamasaki et al. (2007) observaram que o filtrado obtido de culturas de *Skeletonema costatum* em diferentes fases de crescimento tem efeitos variados no número de células de *Heterosigma akashiwo, Chaetoceros muelleri* e *Prorocentrum minimum.* O filtrado obtido de *S. costatum* da fase exponencial de crescimento inibe significativamente o crescimento de *H. akashiwo* e *C. muelleri*, enquanto o filtrado da cultura de *S. costatum* da fase estacionária de crescimento inibe apenas moderadamente o seu crescimento. Além disso, foi observado o efeito do filtrado de culturas *de H. akashiwo* obtidas de diferentes fases de crescimento no número de células de *S. costatum*, *C. muelleri* e *P. minimum.* O filtrado obtido de *H. akashiwo* a partir da fase de crescimento exponencial inibe significativamente o crescimento de *S. costatum* e *C. muelleri.* Além disso, Kubanek et al. (2005) observaram que também *Karenia brevis* inibe significativamente *Asterionellopsis glacialis* quando o filtrado é adicionado a partir da cultura obtida na fase de crescimento exponencial. Por outro lado, o filtrado de culturas de *K. brevis* em fase de crescimento estacionário não provoca alterações significativas no número de células desta espécie. Também nas experiências realizadas por Schmidt e Hansen (2001), foi demonstrado que as culturas antigas *de C. polylepis* não afectam *H. triquetra.* Os autores observaram que as culturas *de C. polylepis*, que perdem as suas propriedades alelopáticas durante a fase estacionária de crescimento, não as recuperam após a adição de meios frescos. Isto indica que as culturas que perderam a sua atividade necessitam de algum tempo para se tornarem novamente alelopáticas. Schmidt e Hansen (2001) concluíram que as culturas na fase de crescimento exponencial apresentariam maiores efeitos alelopáticos do que as culturas obtidas na fase estacionária. Este é um aspeto importante no contexto da investigação das interações alelopáticas de organismos selecionados (Schmidt e Hansen, 2001).

Por outro lado, há também estudos que referem uma maior atividade dos organismos dadores na fase de crescimento estacionário (Arzul et al., 1999; Issa, 1999; Noaman et al., 2004). Issa (1999) observou que a atividade antimicrobiana máxima das cianobactérias *Oscillatoria* sp. e *Calothrix* sp. é registada no início da fase estacionária de crescimento. Além disso, a atividade máxima de *Synechococcus leopoliensis* é observada no 15^{oth} dia da cultura (Noaman et al., 2004). Além disso, verificou-se que *C. raciboskii* produz cilindrospermpsina apenas na fase estacionária de crescimento (Griffiths e Saker, 2003). Arzul et al. (1999) também observaram que a adição do filtrado de *Alexandrium* sp. da fase de crescimento exponencial não afecta os organismos alvo, enquanto a forte inibição do crescimento de diatomáceas é observada após a adição do filtrado da fase estacionária. Os autores sugerem que o aumento dos efeitos alelopáticos na fase estacionária de crescimento pode indicar a presença de toxinas. Nas experiências em que se observou um maior efeito nas culturas da fase exponencial de crescimento, acredita-se que a atividade alelopática está mais relacionada com a produção de um complexo de compostos alelopáticos do que com substâncias específicas e únicas (Arzul et al., 1999).

Uma das principais questões no estudo do fenómeno da alelopatia é indicar quais os compostos responsáveis pelos efeitos alelopáticos observados. Os problemas ambientais e de saúde relacionados com a produção de cianotoxinas têm sido frequentemente descritos (por exemplo, Chorus e Bartram, 1999; Whitton, 2008; Whitton e Potts, 2012). A maioria dos estudos anteriores centra-se no efeito direto das cianotoxinas nos invertebrados e vertebrados e nos possíveis problemas de saúde humana (Codd et al., 2005; O'Neil et al., 2012; Whitton e Potts, 2012). As cianotoxinas incluem microcistinas hepatotóxicas produzidas por *Microcystis* sp. (Watanabe et al., 1986), *Planktothrix* sp. (Laub et al., 2002) e, por vezes, outras cianobactérias, por exemplo, *Synechococcus* sp. e *Nostoc* sp. (Sivonen et al., 1990; Jakubowska e Szelqg-Wasielewska, 2015). A produtividade das toxinas depende da espécie de cianobactéria (Sivonen et al., 1989 a,b; Bolch et al., 1997; Vezie et al., 1998) e da disponibilidade de genes (Nishizawa et al., 1999; Sielaff et al., 2003). Deve também ter-se em consideração que as toxinas podem atuar sinergicamente com outros compostos em muito menor concentração, o que pode aumentar o efeito observado. Além disso, numerosas provas sugerem que as toxinas podem variar consoante a estirpe de cianobactérias e microalgas analisada (Leflaive e Ten-Hage, 2007). Uma questão importante no contexto do papel das toxinas é a ocorrência de estirpes tóxicas e não tóxicas no mesmo reservatório. Estudos demonstraram que as estirpes não tóxicas também são capazes de segregar compostos que inibem o crescimento de outras espécies-alvo. O facto de duas estirpes não tóxicas de cianobactérias *A. lemmermannii* e *A. flos-aquae* causarem um efeito alelopático sugere que estas cianobactérias são capazes de produzir e libertar outros compostos para além das toxinas. Além disso, Casanova et al. (1999) observaram que a presença de células *de Microcystis* sp. inibe o crescimento de plantas aquáticas, enquanto a adição de microcistina pura não as afecta. No ambiente natural, as cianobactérias podem produzir outros metabolitos biologicamente activos que aumentam ou diminuem o efeito alelopático, para além da microcistina segregada. Além disso, na maioria dos casos, o extrato é muito mais ativo do que a toxina pura, o que confirma ainda que o extrato celular pode conter muitos compostos activos. Suikkanen et al. (2004) também descreveram que não existe uma correlação positiva entre a produção de nodularina e os efeitos alelopáticos da *N. spumigena* do Báltico. Estes autores mostraram que apenas a adição do filtrado da fase exponencial de crescimento de *N. spumigena* tem um efeito negativo sobre *T. weissflogii* e *Rhodomonas* sp. Por outro lado, após a adição do filtrado da fase estacionária de crescimento, não foi observado qualquer efeito sobre os organismos examinados. Também em estudos realizados por Engstrom-Ost et al. (2002) não foi detectado qualquer efeito nocivo da nodularina em nenhum dos organismos testados presentes na comunidade fitoplanctónica natural. Outros estudos mostraram também que a atividade alelopática é observada apenas em culturas da fase de crescimento exponencial em que a concentração de nodularina era muito baixa (Suikkanen et al., 2006). Este facto indica claramente que o efeito alelopático observado não é causado pela nodularina. As hepatotoxinas produzidas por cianobactérias são libertadas no ambiente durante a degradação celular, enquanto o efeito alelopático mais forte de *N. spumigena* foi registado durante a fase de crescimento exponencial, pelo que se pode presumir que os efeitos alelopáticos observados não são causados pela nodularina. São necessárias mais investigações sobre a composição dos produtos aleloquímicos produzidos e libertados por cianobactérias associadas a vários factores ambientais.

3.1.2. O efeito da adição única e repetida de filtrado livre de células

A maioria dos estudos que determinaram o fenómeno da alelopatia foram realizados utilizando um filtrado obtido do organismo dador para uma ou mais espécies-alvo. Acredita-se que a maior quantidade de compostos alelopáticos adicionados no filtrado deve ter um efeito mais forte nos organismos-alvo (Suikkanen et al., 2004; Fistarol et al., 2005). Outros trabalhos mostraram que a adição diária de filtrado resultou num efeito alelopático mais forte nos organismos-alvo (Suikkanen et al., 2004; Fistarol et al., 2005). A adição repetida de filtrado obtido de *Aphanizomenon flos-aquae* causa a maior inibição do crescimento de *T. weissflogii* (Suikkanen et al., 2004). Os autores descreveram que, após uma única adição do filtrado, o número de células *de T. weissflogii* diminui no início da experiência, mas aumenta novamente após dois dias. Contudo, após a adição repetida de filtrado, o número de células *T. weissflogii* diminui ao longo da experiência. Também Graneli e Johansson (2003b) observaram que, após uma única adição de filtrado *de P. parvum*, o *T. weissflogii* é capaz de renovar a sua taxa de crescimento e abundância de células após alguns dias. Do mesmo modo, Arzul et al. (1999) mostraram que o crescimento de *Chaetoceros gracile* é restaurado após 10 dias de exposição ao filtrado. Fistarol et al. (2005) também mostraram que a adição repetida de filtrado resulta num maior efeito alelopático de *P. parvum* em *T. weissflogii* do que uma única adição de compostos alelopáticos. Parece que os compostos alelopáticos são frequentemente de curta duração porque os organismos-alvo são capazes de renovar a sua taxa de crescimento após uma única adição de filtrado. Além disso, *T. weissflogii* é insensível à adição única do filtrado obtido de culturas *de P. parvum*, mas a sua sensibilidade aumenta com a adição contínua de compostos alelopáticos. Além disso, após a adição repetida de filtrado, *T. weissflogii* apresenta mortalidade em todas as experiências. Os autores observaram que, em experiências com uma única adição do filtrado, os compostos alelopáticos podem degradar-se durante a experiência devido à presença de luz ou de bactérias heterotróficas, tal como observado no caso das toxinas (Reich e Parnas, 1962; Christoffersen et al., 2002). O maior efeito alelopático observado após a adição repetida de filtrado também pode estar relacionado com a maior sensibilidade dos organismos testados.

No entanto, existem também dados na literatura que indicam um efeito semelhante dos compostos alelopáticos, independentemente da quantidade de adição de filtrado (Suikkanen et al., 2004). Suikkanen et al. (2004) observaram que a resposta das espécies mais e menos sensíveis (respetivamente *Rhodomonas* sp. e *P. parvum)* ao filtrado obtido das cianobactérias *N. spumigena, Anabena lemmermannii* e *A. flos-aquae* é aproximadamente semelhante, independentemente da adição única ou repetida de filtrado. O efeito semelhante nos organismos-alvo após a adição única e repetida de filtrado pode indicar que algumas espécies são capazes de produzir alguns mecanismos de proteção para os aleloquímicos ou são capazes de metabolizar estes compostos, tal como sugerido por Windust et al. (1997).

3.1.3. Papel potencial das bactérias heterotróficas nos tratamentos alelopáticos

A adequação de culturas não axénicas de espécies de fitoplâncton para experiências alelopáticas foi debatida no passado, porque as bactérias heterotróficas coexistentes podem mediar interações alelopáticas entre espécies diferentes, alterando ou metabolizando os produtos aleloquímicos, ou libertando antibióticos ou substâncias estimulantes por si próprias (Cole, 1982). No entanto, na maioria das experiências, os autores utilizaram culturas não axénicas, porque foi demonstrado inequivocamente que as bactérias heterotróficas presentes nessas culturas não são responsáveis pelos efeitos alelopáticos observados (Suikkanen et al., 2004; Tillmann e John, 2002). Suikkanen et al. (2004) demonstraram que um filtrado contendo apenas compostos excretados por bactérias heterotróficas não inibiu a microalga alvo *Rhodomonas* sp. Do mesmo modo, Tillmann e John (2002) demonstraram que os compostos extracelulares produzidos por bactérias heterotróficas não causam quaisquer efeitos alelopáticos. Assim, muitos autores sugeriram que os efeitos alelopáticos são geralmente causados por cianobactérias e microalgas dadoras e não por bactérias heterotróficas coexistentes (Graneli et al., 2008a). Para excluir o efeito das bactérias acompanhantes nos efeitos alelopáticos, alguns autores utilizam culturas axénicas para a sua investigação. No entanto, deve também ter-se em conta que a presença de bactérias associadas a espécies de fitoplâncton, com interações metabólicas entre elas, representa a situação real em ambientes naturais (Maestrini e Bonin, 1981). Em geral, o papel das bactérias heterotróficas na mediação das interações alelopáticas entre espécies fitoplanctónicas é ainda pouco conhecido.

3.2. Factores abióticos que afectam o fenómeno da alelopatia

Vários factores ambientais afectam os efeitos alelopáticos das cianobactérias e microalgas. No entanto, o efeito dos factores abióticos na alelopatia não é bem conhecido. Com base em estudos anteriores, os principais factores ambientais que influenciam o fenómeno de alelopatia das cianobactérias e microalgas são a intensidade da luz (Chetsumon et al., 1994; Antunes et al., 2012; Sliwinska-Wilczewska et al., 2016), a temperatura (Issa, 1999; Ame et al., 2003; Noaman et al., 2004; Antunes et al, 2012; Sliwinska-Wilczewska et al., 2016), disponibilidade de nutrientes (especialmente nitratos e fosfatos) (Shilo, 1971; von Elert e Juttner, 1997; Graneli e Johansson 2003a,b; Fistarol et al., 2005) e pH (Ulitzur e Shilo, 1964; Schmidt e Hansen, 2001; Ray e Bagchi, 2001; Noaman et al., 2004; Fig. 5).

**Interação alelopática
entre cianobactérias e microalgas**

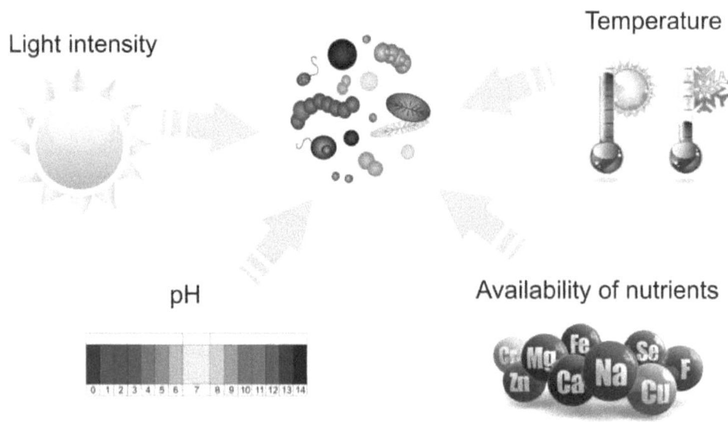

Fig. 5. Exemplos de possíveis factores abióticos que afectam as interações alelopáticas de cianobactérias e microalgas em ecossistemas aquáticos.

3.2.1. Influência da intensidade luminosa na atividade alelopática

As necessidades de luz das cianobactérias e microalgas são complexas porque dependem do estado fisiológico das células, do teor de pigmentos e das diferentes capacidades de adaptação. A maioria dos fotoautótrofos não consegue viver sem a radiação fotossinteticamente ativa (PAR), que é a fonte de energia necessária para o processo de fotossíntese. As cianobactérias e microalgas desenvolveram uma série de mecanismos adaptativos que lhes permitem expandir-se sob diferentes condições de luz (Whitton, 2008; Whitton e Potts, 2012). No entanto, apenas alguns estudos demonstraram que a intensidade da luz pode afetar significativamente a produção de compostos alelopáticos.

Alguns autores relataram que a intensidade da luz pode influenciar a produção de cilindrospermopsina e compostos alelopáticos não reconhecidos na cianobactéria *Cylindrospermopsis raciborskii* (Dyble et al., 2006; Antunes et al., 2012). Antunes et al. (2012) mostraram que os filtrados de culturas de *Cylindrospermopsis raciborskii* LEGE 99043 apresentam uma ampla atividade inibitória sobre a alga verde *Ankistrodesmus falcatus*. Além disso, a luz mais elevada aumenta ainda mais esta atividade. A atividade alelopática dos filtrados de *C. raciborskii,* cultivados a 90 µmol fotões m^{-2} s^{-1} , resulta numa inibição significativa do crescimento de *A. falcatus*. Além disso, os autores observaram atividade alelopática em condições de luz elevada que coincidiram com o crescimento ótimo de *C. raciborskii*. Adicionalmente, nesta cianobactéria, a produção de cilindrospermopsina também está relacionada com as intensidades de luz (Dyble et al., 2006). Os autores mostraram que as concentrações máximas de cilindrospermopsina intracelular e extracelular ocorrem em culturas cultivadas sob a mais alta intensidade de luz (140 µmol fótons m^{-2} s^{-1}). Dyble et al. (2006) sugeriram que o ambiente luminoso influencia a produção de metabolitos secundários e pode revelar-se um fator crucial na avaliação da toxicidade da floração. Além disso, Nakai et al. (2014) descreveram que a possível explicação para a variada inibição de crescimento em diferentes intensidades de luz é uma mudança na degradação dos aleloquímicos. Também Chetsumon et al. (1994) mostraram que, em condições óptimas de luz de 200 µmol fotões m^{-2} s^{-1} , a produção de compostos antibióticos pela cianobactéria *Scytonema* sp. TISTR 8208 aumenta 2 vezes. Sliwinska-Wilczewska et al. (2016) também observaram que o maior declínio no crescimento, no parâmetro de fluorescência e na fotossíntese da diatomácea *Navicula perminuta* é observado após a adição de filtrado livre de células obtido de *Synechococcus* sp. cultivado com a luz mais alta (190 µmol fótons m^{-2} s^{-1}). Estes estudos indicaram que a luz elevada afecta a picocyanobacterium *Synechococcus* sp. aumentando a sua atividade alelopática. Além disso, os autores demonstraram que a variação da intensidade da luz deve ser considerada ao estimar os efeitos potenciais da alelopatia das picocianobactérias em ambientes aquáticos. A luz é também um fator indispensável para a produção de metabolitos secundários por *P. parvum*. As concentrações intra e extracelulares destes compostos diminuem quando a cultura é mantida no escuro, mesmo quando as experiências utilizam um meio mineral sintético que proporciona um crescimento rápido de

P. parvum (Shilo, 1967). O aumento da atividade alelopática das cianobactérias e microalgas com muita luz, associado ao seu metabolismo mais rápido, pode indicar que os organismos estão bem aclimatados a uma intensidade luminosa elevada. A adaptabilidade de algumas espécies a diferentes níveis de irradiação é de grande importância para a competição entre organismos (Kohl e Nicklish, 1981). Além disso, a capacidade de produzir compostos alelopáticos pode dar-lhes uma vantagem sobre outras espécies de fitoplâncton. Estas poucas observações indicam um efeito positivo da intensidade luminosa na produção de compostos alelopáticos, que pode ser especialmente importante para as espécies planctónicas.

3.2.1. Influência da temperatura na atividade alelopática

A temperatura é um dos factores mais importantes que influenciam as funções vitais dos organismos. A temperatura também afecta diferentes processos metabólicos e reacções químicas. Com o aumento da temperatura, a fotossíntese e a respiração das cianobactérias e microalgas também aumentam (Phinney e McIntire, 1965) até que a luz e o CO_2 não limitem o seu crescimento. Cada organismo tem um certo espetro de vida relacionado com a temperatura (Lowe, 1974), e mesmo as estirpes da mesma espécie podem ter requisitos de temperatura diferentes (Ignatiades e Smayd, 1970).

Infelizmente, sabe-se relativamente pouco sobre a forma como a temperatura afecta a atividade alelopática das cianobactérias e microalgas. Apenas vários estudos mostraram que a produção de metabolitos secundários pelo organismo dador pode depender da temperatura (Issa, 1999; Ame et al., 2003; Noaman et al., 2004; van Rijssel et al., 2007; Antunes et al., 2012; Sliwinska-Wilczewska et al., 2016). O aumento da atividade alelopática da cianobactéria *C. raciborskii* sob alta temperatura foi relatado por Antunes et al. (2012). Os autores observaram que o filtrado obtido de *C. raciborskii* LEGE 99043 crescendo a 30°C exibiu o efeito alelopático mais forte. Por outro lado, o filtrado obtido de cianobactéria mantida a 20°C inibe *A. falcatus* apenas no menor inóculo (Antunes et al., 2012). Os autores acreditam que o aumento da atividade alelopática pode explicar a dominância ecológica de *C. raciborskii* em ecossistemas aquáticos selecionados (Berger et al., 2006). Van Rijssel et al. (2007) também relataram um aumento da atividade hemolítica em *Phaeocystis pouchetii,* que é causado por um aumento da temperatura de 4°C para 15°C. Adicionalmente, Sliwinska-Wilczewska et al. (2016) indicaram que a produção de substâncias alelopáticas pela picocyanobacterium *Synechococcus* sp. é regulada pela temperatura. A adição de filtrado livre de células de culturas de *Synechococcus* sp. cultivadas em diferentes temperaturas inibe a diatomácea *N. perminuta*. Os autores observaram que a temperatura elevada afecta as cianobactérias testadas aumentando a sua atividade alelopática e que a maior diminuição do crescimento das diatomáceas analisadas é observada após a adição de filtrado sem células obtido de *Synechococcus* sp. cultivado a 25°C. Estes resultados demonstram que a variação da temperatura da água deve ser considerada ao estimar os efeitos potenciais da alelopatia de picocianobactérias em ambientes aquáticos. Também se observou que *Synechococcus leopoliensis* exibe atividade antimicrobiana em bactérias Gram positivas *Staphylococcus aureus* dependendo da temperatura (Noaman et al., 2004). Os autores mostraram que a temperatura óptima para o crescimento e a produção de agentes antimicrobianos de *S. leopoliensis* é de 35°C. Além disso, observou-se que o intervalo de temperatura para o crescimento é de 15-45°C, enquanto o intervalo para a produção de agentes antimicrobianos é mais estreito (20-40°C). A diferença entre a temperatura óptima para o crescimento e a produção de compostos também foi descrita por Issa (1999). O autor determinou a biomassa, o teor de clorofila *a*, o teor de proteínas e a concentração de metabolitos secundários de *Oscillatoria angustissima* e *Calothrix parietina* cultivadas a temperaturas elevadas. Foi observado que a concentração de compostos alelopáticos no meio não é proporcional ao crescimento das cianobactérias mencionadas. O nível mais elevado de compostos alelopáticos é registado a 25°C, enquanto a biomassa, os teores de clorofila *a* e de proteínas são mais elevados a 30°C. Ame et al. (2003) descreveram que a produção de quantidades mais elevadas da toxina bioactiva, microcistina, por cianobactérias é favorecida a uma temperatura superior a 23°C, embora a produção máxima de cilindrosperopsina tenha sido registada pela cianobactéria *C. raciborskii* a 20°C (Griffiths e Saker, 2003). A produção da cianobacterina Lu-1 produzida por *Nostoc linckia* também depende da temperatura (Gromov et al., 1991). Além disso, Lehtimaki et al. (1997) descobriram que as temperaturas baixas (7, 10, 16°C) dão baixas medições para a produção de nodularina pela cianobactéria *N. spumigena*, enquanto a produção mais elevada desta toxina é observada a temperaturas elevadas. O metabolismo secundário e a produção de compostos biologicamente activos podem responder à temperatura de uma forma diferente do crescimento (Noaman et al., 2004). Além disso, muitos estudos provaram que a baixa temperatura causa danos na atividade fotossintética devido a danos no PSII (Sakamoto e Bryant, 1999) e, assim, a produção de compostos alelopáticos é mais significativa a altas temperaturas. Por conseguinte, alguns investigadores salientam que o aumento previsto da temperatura causado pelas alterações globais pode favorecer a formação de florescências maciças de cianobactérias, aumentando a produção de compostos alelopáticos (Graneli et al., 2008b).

3.2.2. Influência da disponibilidade de nutrientes na atividade alelopática

A eutrofização é caracterizada pelo crescimento excessivo de plantas e algas devido ao aumento da disponibilidade de nutrientes (Cloern, 2001). A eutrofização ocorre naturalmente, no entanto, as actividades humanas aceleraram a taxa e a extensão deste fenómeno. O efeito mais visível da eutrofização é a criação de densas florescências de cianobactérias e microalgas que reduzem a clareza da água e prejudicam a sua qualidade (Anderson et al., 2002; Smayda, 2004; Graneli et al., 2008b). No entanto, este fenómeno não pode ser explicado apenas por factores abióticos, pelo que as interações alelopáticas entre organismos devem ser tidas em conta e examinadas em pormenor (Lucas, 1947). Existem alguns relatórios que indicam que a concentração de nutrientes pode ter um efeito significativo na atividade alelopática de diferentes espécies de fitoplâncton (Graneli e Johansson, 2003a,b; Fistarol et al., 2005). Os compostos alelopáticos produzidos e libertados por estes organismos podem ter efeitos negativos tanto nos produtores primários aquáticos como nos crustáceos, moluscos, peixes, mamíferos e mesmo nos seres humanos (Gross, 2003; Wiegand e Pflugmacher, 2005). Por conseguinte, a determinação da influência da acessibilidade dos nutrientes na atividade alelopática deve ser uma prioridade para a investigação futura. Além disso, acredita-se geralmente que a alelopatia é particularmente eficaz em situações de stress (Reigos et al., 1999), por exemplo devido ao desequilíbrio nas proporções entre nitratos e fosfatos. Os organismos-alvo podem ser mais susceptíveis aos compostos alelopáticos em condições de stress. Ao mesmo tempo, os organismos dadores podem aumentar a produção de produtos aleloquímicos. Consequentemente, pode presumir-se que o enriquecimento de nutrientes pode ser um dos principais factores que contribuem para o desenvolvimento de florescências nocivas de cianobactérias e microalgas em habitats aquáticos (Graneli et al., 2008b).

Existem poucos trabalhos que descrevem o facto de algumas microalgas apresentarem efeitos alelopáticos em condições de excesso de nutrientes. A toxicidade da *Protogonyaulax tamarensis* é estimulada pelo excesso de nutrientes (Boyer et al., 1987). Por outro lado, a cianobactéria *C. raciborskii* apresenta a maior atividade alelopática em condições de deficiência de fósforo, o que coincide com as condições óptimas para o seu crescimento (Antunes et al., 2012). Esta relação explica que a atividade alelopática pode ser mais forte sob a influência de factores ambientais que são óptimos para o crescimento de cianobactérias e microalgas.

Foi referido que também a deficiência de nutrientes provoca um aumento da atividade alelopática dos organismos dadores. Verificou-se que o extrato extracelular obtido de culturas da cianobactéria *Trichormus doliolum* cultivadas em condições de limitação de fosfato inibe fortemente o crescimento da *Anabaena variabilis* P-9. Também foi relatado que *T. doliolum* cultivada em deficiência de fósforo produz e liberta cerca de 200 vezes mais compostos alelopáticos por unidade de biomassa do que em culturas com excesso de fósforo (von Elert e Juttner, 1997). Bloor e England (1991) também observaram uma tendência semelhante na cianobactéria *Nostoc muscorum*, onde a maior atividade alelopática é registada sob a influência da limitação de fósforo. Estudos prévios mostraram também que as deficiências de nutrientes aumentam a toxicidade *de P. parvum* (Graneli e Johansson, 2003a,b). Granel e Johansson (2003a) mostraram que *P. parvum* não faz parte da dieta de *Euplotes affinis* porque esta prymnesiophyta produz e liberta compostos alelopáticos que são letais para a ciliata. Além disso, o maior efeito alelopático é observado para *P. parvum* cultivada sob deficiências de nutrientes. Graneli e Johansson (2003b) também observaram que *Thalassiosira weissflogii*, *Prorocentrum minimum* e *Rhodomonas* cf. *baltica* apresentam uma diminuição do seu crescimento após exposição a filtrado obtido de culturas de *P. parvum* cultivadas em condições de carência de nutrientes (-N e -P). Myklestad et al. (1995) verificaram que o crescimento da diatomácea *Skeletonema costatum* é fortemente inibido após a adição de filtrado obtido a partir de culturas *de P. parvum* que crescem em deficiência de fosfato. Shilo (1971) também relatou um aumento na secreção de compostos antimicrobianos *de P. parvum* devido à deficiência de fósforo. Estes resultados sugerem que *P. parvum* tem um efeito alelopático em várias microalgas e que a disponibilidade de nutrientes é um fator importante na regulação da produção de compostos alelopáticos. As deficiências de nutrientes também estimulam a produção de toxinas por *Nostoc* sp. (Kurmayer, 2011) e *Microcystis aeruginosa* (Kruger et al., 2012). Isto pode indicar que, para algumas espécies doadoras, o stress fisiológico pode causar um aumento na produtividade de metabolitos secundários.

Por outro lado, Fistarol et al. (2005) mostraram que *T. weissflogii* é sensível aos compostos alelopáticos produzidos por *P. parvum*, e o efeito depende da disponibilidade de nitratos e fosfatos nas culturas de diatomáceas. As deficiências de nutrientes aumentam a suscetibilidade de *T. weissflogii* aos compostos alelopáticos segregados por *P. parvum*. Alguns autores sugeriram que o stress faz com que o organismo alvo seja mais sensível aos compostos alelopáticos (Reigosa et al., 1999). No entanto, Inderjit e Del Moral (1997) observaram que não é inteiramente claro como o stress afecta os organismos-alvo na comunidade fitoplanctónica natural. A literatura indica que a resposta fisiológica geral das plantas e dos microrganismos às carências de nutrientes é a acumulação de carbono nas células, enquanto o teor de proteínas/aminoácidos nas células diminui, bem como o número de divisões celulares (Healey, 1973). As proteínas (incluindo as enzimas) têm um papel fundamental na regulação de todas as funções vitais das células, pelo que o seu declínio pode reduzir a imunidade das células-alvo aos compostos alelopáticos. Por outro lado, as deficiências de nutrientes afectam as taxas de crescimento mais lentas das espécies-alvo. Por conseguinte, pode presumir-se que, em condições desfavoráveis, as cianobactérias e as microalgas têm um metabolismo mais lento. Isto pode explicar o facto de os efeitos dos compostos alelopáticos nos organismos-alvo não terem sido comunicados em condições de carência de nutrientes.

3.2.3. Influência do pH na atividade alelopática

Vários estudos mostraram que a produção de metabolitos secundários também depende do pH (Ulitzur e Shilo, 1964; Schmidt e Hansen, 2001; Ray e Bagchi, 2001; Noaman et al., 2004). Provavelmente, o primeiro relatório que indica que o pH tem um impacto na toxicidade de *P. parvum* foi efectuado por Ulitzur e Shilo (1964). Os autores observaram que uma alteração do pH de 8 para 9 resulta num aumento da toxicidade *de P. parvum* nos peixes testados. Schmidt e Hansen (2001) efectuaram observações semelhantes, tendo constatado que a produção e a excreção de metabolitos secundários nocivos por cianobactérias e microalgas dependem do pH. Ray e Bagchi (2001) também referiram o aumento do efeito alelopático com o aumento do pH numa cultura da cianobactéria *Oscillatoria laetevirens*. Além disso, Noaman et al. (2004) observaram que o pH do meio influencia fortemente o crescimento e a produção de metabolitos secundários pela picocyanobacterium *S. leopoliensis*. Por conseguinte, sugere-se que os efeitos alelopáticos devidos a alterações do pH podem afetar a comunidade fitoplanctónica no ambiente aquático (Yamasaki et al., 2007).

4. Modo de ação dos compostos alelopáticos

O modo de ação dos compostos alelopáticos depende da natureza da interação entre o dador e os organismos-alvo e da atividade dos compostos alelopáticos. A ocorrência de interações alelopáticas é frequentemente descrita em cianobactérias e microalgas, mas o mecanismo e o modo de ação exato dos vários compostos químicos ainda não são suficientemente compreendidos. No ambiente natural, o princípio funcional dos compostos alelopáticos é altamente diversificado e as espécies dadoras podem afetar os organismos-alvo de muitas formas diferentes. Além disso, é muito difícil demonstrar provas diretas de efeitos alelopáticos na comunidade fitoplanctónica natural. Por conseguinte, é importante caraterizar as interações alelopáticas em condições laboratoriais controladas, a fim de investigar a natureza das substâncias libertadas e a sua abordagem nos organismos-alvo.

A alelopatia no ambiente aquático é difícil de demonstrar porque o modo de ação dos compostos alelopáticos é muito diverso. Na maioria dos casos, os compostos alelopáticos são libertados no ambiente, o que afecta o crescimento dos organismos-alvo (Graneli e Hansen, 2006). Os compostos alelopáticos segregados por cianobactérias e microalgas podem também reduzir os organismos-alvo através da inibição da fluorescência e do processo de fotossíntese (por exemplo, von Elert e Juttner, 1997; Smith e Doan, 1999; Legrand et al., 2003; Leflaive e Ten-Hage, 2007; Sliwinska- Wilczewska et al., 2016). Os compostos alelopáticos podem também inibir a atividade das enzimas, impedir a síntese de ARN e a replicação do ADN, afetar negativamente a morfologia celular, induzir a formação temporária de quistos e bloquear a motilidade e as divisões celulares (Kearns e Hunter, 2001; Uchida, 2001; lanora et al., 2006; Leflaive e Ten-Hage, 2007; Graneli et al., 2008b). No entanto, na maioria dos casos, o mecanismo de ação dos compostos alelopáticos ainda não é bem conhecido (Rodriguez-Ramos et al., 2007; Fig. 6).

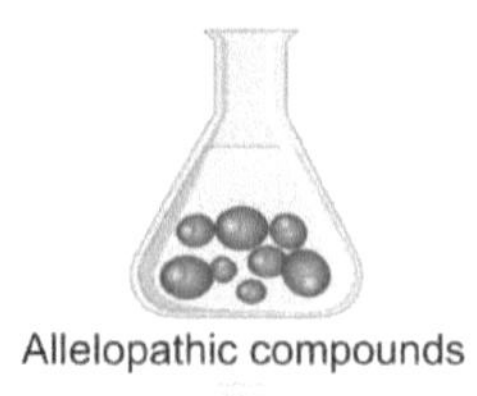

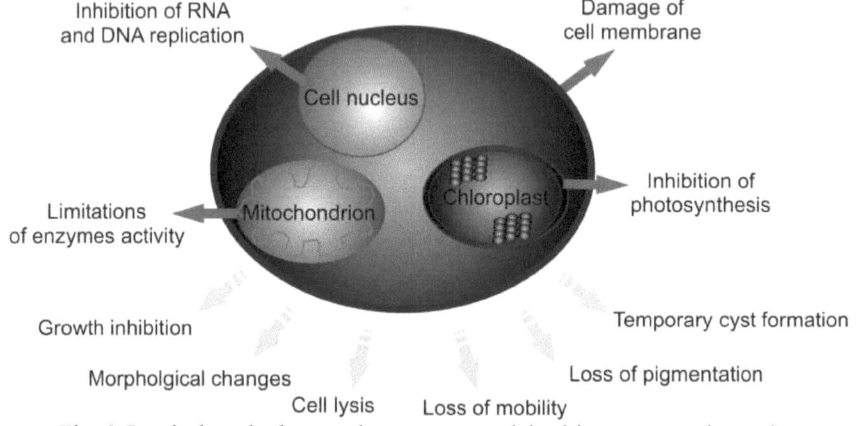

Fig. 6. Possível modo de ação dos compostos alelopáticos no organismo alvo.

4.1. O efeito dos compostos alelopáticos no crescimento

A inibição do crescimento e a morte do organismo-alvo pela influência negativa de compostos alelopáticos é um modo de ação relativamente generalizado e mais frequentemente descrito das cianobactérias e microalgas dadoras. Os metabolitos secundários contêm uma série de compostos activos diferentes que têm um efeito alelopático no ecossistema circundante. Embora os aleloquímicos tenham por vezes um efeito estimulante, a maioria dos estudos centrou-se principalmente na atividade inibidora das cianobactérias e microalgas nos organismos-alvo (por exemplo, Fistarol et al., 2003; 2004a,b; 2005; Suikkanen et al., 2004; 2005; 2006; Yamasaki et al, 2007; Gantar et al., 2008; Shao et al., 2009; Liu et al., 2010; Ji et al., 2011; Antunes et al., 2012; Zak et al., 2012; Barreiro e Hairston Jr, 2013; Barreiro e Vasconcelos, 2014; Zak e Kosakowska, 2015; Barreiro et al., 2017; Wang et al., 2017).

4.1.1. O efeito alelopático no crescimento das diatomáceas

As diatomáceas parecem ser muito sensíveis aos compostos alelopáticos (Tab. 1). Poucos estudos documentaram o efeito alelopático das cianobactérias em determinadas diatomáceas. Keating (1977, 1978) demonstrou pela primeira vez a inibição do crescimento das diatomáceas pela adição de um filtrado do lago onde as cianobactérias dominavam. Resultados semelhantes foram comunicados por Lafforgue et al. (1995), que demonstraram que a baixa biomassa de *Fragilaria crotonensis* no lago Aydat em 1984 era causada por metabolitos extracelulares da população de *Anabaena* sp. Dados mais pormenorizados sobre os efeitos alelopáticos das cianobactérias do Báltico nas diatomáceas foram fornecidos por Suikkanen et al. (2004). Neste estudo, foram demonstrados os efeitos alelopáticos de *N. spumigena, Anabena lemmermannii* e *Aphanizomenon flos-aquae* sobre a diatomácea *Thalassiosira weissflogii*. Os autores mostraram que, após uma única adição do filtrado, as três cianobactérias tinham um efeito geralmente negativo sobre as espécies testadas. Esta foi a primeira observação de propriedades alelopáticas de *N. spumigena* no Mar Báltico. Para além disso, *A. flos-aquae* provoca uma diminuição de 57% nas células *de T. weissflogii* durante o primeiro dia, mas mais tarde as células são capazes de crescer novamente. Com base na investigação, verificou-se que as diatomáceas mostram alguma tolerância a uma única adição de filtrado, mas o seu crescimento após repetidas adições de filtrado é significativamente inibido. Sliwinska- Wilczewska et al. (2016) descreveram pela primeira vez que a picocyanobacterium *Synechococcus* sp. afecta negativamente a diatomácea coexistente *N. perminuta*. Os autores observaram que o maior declínio no crescimento da diatomácea, o parâmetro de fluorescência Fv / Fm e a fotossíntese máxima Pm são observados após a adição de filtrado livre de células obtido de *Synechococcus* sp. cultivado a 190 µmol fótons $m^{-2} s^{-1}$, 25 ° C e 8 PSU. Além disso, Sliwinska-Wilczewska et al. (2017b) examinaram a influência de compostos alelopáticos no crescimento, na abundância total e na estrutura da comunidade fitoplanctónica através da adição única e múltipla de filtrado livre de células da picocyanobacterium *Synechococcus* sp. Este estudo indicou quc as diatomáceas dos géneros *Navicula*, *Chaetoceros*, *Amphora*, *Coscinodiscus*, *Grammatophora* e *Nitzschia* são os organismos mais afetados. Diferentes caraterísticas, como a permeabilidade da membrana, podem contribuir para a sensibilidade de algumas espécies de fitoplâncton aos compostos alelopáticos (Suikkanen et al., 2004). A suscetibilidade dos organismos-alvo pode também depender da natureza dos compostos alelopáticos a que estão expostos, uma vez que os mesmos organismos-alvo podem reagir de forma diferente ao filtrado obtido de diferentes organismos dadores. Além disso, alguns aspectos co-evolutivos podem contribuir para os resultados observados. As diatomáceas, organismos típicos do mar Báltico durante a primavera e o outono (Conley e Johnstone, 1995; Wasmund e Uhlig, 2003), não entram normalmente em contacto com os maciços florescimentos de cianobactérias no período de verão. Por conseguinte, estas diatomáceas não conseguiram desenvolver qualquer mecanismo de defesa contra os compostos alelopáticos segregados pelas cianobactérias, o que resultou numa inibição significativa do seu crescimento (Suikkanen et al., 2004).

Por outro lado, existem numerosos relatórios na literatura que indicam que também outros grupos de microalgas são capazes de inibir o crescimento de diatomáceas selecionadas. Ji et al. (2011) mostraram que o *Prorocentrum micans* inibe significativamente o crescimento de *Skeletonema costatum* em co-culturas e após a adição de filtrado. Um trabalho semelhante foi apresentado por Tameishi et al. (2009) que investigaram a interação alelopática entre *P. minimum* e *S. costatum* em co-culturas. Os autores observaram que quando a densidade inicial tanto de *P. minimum* como *de S. costatum* é de 10^4 cell mL^{-1} , o crescimento de *P. minimum* é idêntico ao registado em monocultura. Por outro lado, a densidade de células de *S. costatum* em co-culturas é de cerca de 41% em relação ao controlo. Além disso, foi observado que o crescimento de *S. costatum* em co-culturas é fortemente reduzido no sexto dia da experiência (Tameishi et al., 2009). Kubanek et al. (2005) também observaram que tanto as culturas vivas como a adição do filtrado obtido da *Karenia brevis* inibem o crescimento da diatomácea testada. A co-cultura com *K. brevis* inibe particularmente o crescimento da diatomácea *Thalassiosira* sp. mas não afecta as algas verdes *Chlorella capsulata* e *Odontella aurita.* Além disso, a adição do filtrado de *K. brevis* causa a inibição do crescimento de *Amphora* sp., *Asterionellopis glaciales, Rhizosolenia* cf. *setigera* e *Skeletonema costatum.* Prince et al. (2008b) também registaram a inibição do crescimento e da fotossíntese em *A. glacialis* e *S. costatum* pela adição do filtrado de *K. brevis.* Fistarol et al. (2004a) mostraram que o crescimento da diatomácea *T. weissflogii* é inibido por compostos libertados pelos dinoflagelados *Alexandrium tamarense.* Além disso, foi observado um efeito semelhante da interação alelopática nas experiências que utilizaram tanto a comunidade fitoplanctónica natural como monoculturas de microalgas. Os autores demonstraram que a utilização de culturas de microalgas em experiências laboratoriais é representativa dos ambientes naturais. As diatomáceas são também as mais susceptíveis aos compostos alelopáticos segregados por

P. parvum (Fistarol et al., 2003). Estes relatórios da literatura sugerem que o efeito alelopático pode estar dependente da especificidade do grupo-alvo e do facto de os organismos dadores poderem produzir compostos alelopáticos com caraterísticas diferentes (Fistarol et al., 2004a). Noutra experiência utilizando *A. tamarense*, os autores mostraram que *S. costatum* é a espécie mais sensível (Tillmann e Hansen, 2009). Weissbach et al. (2010) também demonstraram que os compostos alelopáticos produzidos por *Alexandrium* sp. inibem o crescimento de diatomáceas na comunidade fitoplanctónica natural. Além disso, Tillmann et al. (2007) observaram que a adição de grandes quantidades de um único filtrado *de A. tamarense* tem um efeito maior sobre as diatomáceas do que a adição repetida de filtrado em densidades mais baixas. Nos ecossistemas aquáticos naturais, os compostos alelopáticos são constantemente libertados no ambiente circundante, mas pouco se sabe sobre a degradação destes componentes ou a adaptação dos organismos-alvo.

Há também relatos na literatura que indicam que as diatomáceas são também capazes de produzir e libertar metabolitos secundários que afectam o crescimento de outras espécies de diatomáceas. Sharp et al. (1979) descreveram a interação alelopática entre as diatomáceas marinhas *Thalassiosira pseudonana* e *Phaeodactylum tricornutum*. Chan et al. (1980) observaram que os compostos isolados das diatomáceas *S. costatum* e *Phaeodactylum tricornutum* têm um efeito inibidor sobre o crescimento de *Cylindrotheca fusiformis*. Os autores sugerem que as pequenas diatomáceas, capazes de absorver rapidamente substâncias orgânicas do ambiente, podem ser mais sensíveis aos compostos alelopáticos que inibem o seu crescimento (Chan et al., 1980).

Além disso, Pratt (1966) observou que o efeito inibitório ou estimulatório de *Olisthodiscus luteus* sobre *Skeletonema* sp. depende da concentração de substâncias tanínicas secretadas pela espécie doadora. Por outro lado, os resultados apresentados por Yamasaki et al. (2007) mostraram que a interação alelopática entre *Skeletonema costatum* e *Heterosigma akashiwo* inibe o crescimento de ambas as espécies. Além disso, o filtrado obtido a partir das culturas de *S. costatum* e *H. akashiwo* provoca uma diminuição do crescimento de *Chaetoceros muelleri*, mas não afecta *o mínimo de Prorocentrum*, sugerindo que os compostos alelopáticos podem ser activos apenas em espécies-alvo selecionadas, especialmente diatomáceas. Por conseguinte, a fim de compreender plenamente os efeitos alelopáticos em ambientes aquosos, são necessários estudos sobre muitas espécies diferentes de fitoplâncton (Tameishi et al., 2009).

Tab. 1. Efeito alelopático de cianobactérias e microalgas no crescimento da diatomácea alvo.

Donor organism	Target organism - diatom	Effect	References
Cyanophyta			
Anabena lemmermannii	*Thalassiosira weissflogii*	-	(Suikkanen et al., 2004)
Anabena sp.	*Fragilaria crotonensis*	-	(Lafforgue et al., 1995)
Aphanizomenon flos-aquae	*Thalassiosira weissflogii*	-	(Suikkanen et al., 2004)
Nodularia spumigena	*Thalassiosira weissflogii*	-	(Suikkanen et al., 2004)
Synechococcus sp.	*Navicula per minuta*	-	(Śliwińska-Wilczewska et al., 2016)
Synechococcus sp.	*Navicula* sp., *Chaetoceros* sp., *Amphora* sp., *Coscinodiscus* sp., *Grammatophora* sp., *Nitzschia* sp.	-	(Śliwińska-Wilczewska et al., 2017b)
Pyrrophyta			
Alexandrium tamarense	*Thalassiosira weissflogii*	-	(Fistarol et al., 2004a)
Alexandrium tamarense	*Skeletonema costatum*	-	(Tillmann and Hansen, 2009)
Alexandrium sp.	*Thalassiosira weissflogii*	-	(Weissbach et al., 2010)
Karenia brevis	*Thalassiosira* sp., *Amphora* sp., *Asterionellopis glaciales, Rhizosolenia* cf. *setigera, Skeletonema costatum*	-	(Kubanek et al., 2005)

Karenia brevis	*Asterionellopsis glacialis, Skeletonema costatum*	-	(Prince et al., 2008b)
Prorocentrum micans	*Skeletonema costatum*	-	(Ji et al., 2011)
Prorocentrum micans	*Skeletonema costatum*	-	(Tamcishi et al., 2009)
Bacillariophyta			
Phaeodactylum tricormutum	*Cylindrotheca fusiformis*	-	(Chan et al., 1980)
Skeletonema costatum	*Cylindrotheca fusiformis*	-	(Chan et al., 1980)
Skeletonema costatum	*Chaetoceros muelleri*	-	(Yamasaki et al., 2007)
Thalassiosira pseudonana	*Phaeodactylum tricornutum*	-	(Sharp et al., 1979)
Phaeodactylum tricornutum	*Thalassiosira pseudonana*	+/-	(Sharp et al., 1979)
Ochrophyta			
Olisthodiscus luteus	*Skeletonema* sp.	+/-	(Pratt. 1966)
Heterosigma akashiwo	*Skeletonema costatum, Chaetoceros muelleri*	-	(Yamasaki et al., 2007)

where: - means inhibiting effects, + means stimulating effect, 0 - means lack of effect

4.1.2. O efeito alelopático no crescimento das algas verdes

As cianobactérias são capazes de produzir uma vasta gama de substâncias bioactivas que podem afetar o crescimento de algas verdes (Quadro 2). Zak et al. (2012) observaram que as cianobactérias do Báltico *Anabaena variabilis* e *N. spumigena* apresentam atividade alelopática sobre o crescimento de *C. vulgaris*, tanto em experiências de co-cultura como de filtrado sem células. Verificou-se que o filtrado obtido de *A. variabilis* inibe as células de *C. vulgaris*. Além disso, o forte efeito alelopático de *A. variabilis* foi observado em coculturas. Além disso, Zak et al. (2012) observaram o efeito alelopático de *N. spumigena* sobre *C. vulgaris* em co-culturas e adições de filtrado. Verificou-se que a cianobactéria doadora estimula o crescimento de algas verdes analisadas. Os autores também observaram um efeito negativo e a ausência de efeito alelopático do filtrado em *C. vulgaris.* Os autores sugeriram que as diferentes reacções das algas verdes ao filtrado obtido de *N. spumigena* podem ser causadas pela alteração dos compostos bioactivos associada à concentração de cianobactérias. Três anos mais tarde, Zak e Kosakowska (2015) também demonstraram que os compostos alelopáticos obtidos de *Planktothrix agardhii* afectavam positiva e negativamente o crescimento da alga verde *C. vulgaris*. Schlegel et al. (1999) também estudaram a atividade alelopática das cianobactérias *Fischerella* sp., *Nostoc* sp. e *Calothrix* sp. no crescimento de algas verdes selecionadas: *Coelastrum microporum, Monoraphidium convolutum* e *Scenedesmus acutus.* Os autores mostraram que as estirpes de *Fischerella* sp. e *Calothrix* sp. inibem o crescimento de todas as algas verdes analisadas. Por outro lado, os compostos produzidos por *Nostoc* sp. não afectam o crescimento de nenhum organismo testado. O efeito diferente dos compostos alelopáticos pode ser indicativo da diferente permeabilidade da membrana das algas verdes analisadas. Issa (1999) também relatou o efeito alelopático das cianobactérias *Oscillatoria angustissima* e *Calothrix parietina* em diferentes espécies de algas verdes (*Ankistrodesmus falcatus, Scenedesmus obliquus, Chlorella fusca*). Verificou-se que todas as algas verdes analisadas apresentam uma diminuição do crescimento após a adição de compostos produzidos por cianobactérias dadoras. Lam e Silvester (1979) também demonstraram que *A. oscillarioides* e *M. aeruginosa* inibem significativamente o crescimento de *Chlorella* sp. Schagerl et al. (2002) mostraram que os compostos produzidos por *Nostoc muscorum* inibem fortemente o crescimento de *Scenedesmus acutus* e *Pandorina morum*. Por outro lado, os autores observaram apenas efeitos alelopáticos fracos de *Aphanizomenon flexuosum* e *Anabaena torulosa* sobre as algas verdes testadas *Cosmarium* sp., *Scenedesmus armatus* var. *maior* e *P. morum*. Além disso, *Anabaenopsis elenkinii* não apresenta atividade alelopática sobre os organismos examinados. Valdor e Aboal (2007) também mostraram que *Klebsormidium* sp. não é suscetível aos extractos de cianobactérias *Oscillatoria* sp., *Rivularia biasolettiana, Geitlerinema splendidum* e *Phormidium* sp. Além disso, algumas espécies de *Klebsormidium* sp. são capazes de sobreviver num ambiente altamente tóxico, como resultado da presença de metais pesados na água (Whitton e Dias, 1980; Whitton, 1985). Estes resultados podem indicar a elevada resistência de certas espécies de algas verdes à presença de várias substâncias nocivas.

Estudos demonstraram que as cianobactérias são capazes de inibir o crescimento de algumas espécies de algas verdes (por exemplo, Schlegel et al., 1999; Valdor e Aboal, 2007; Zak et al., 2012).

Além disso, acredita-se que as cianobactérias são capazes de produzir mais do que um composto bioativo que pode afetar diferentes processos nos organismos-alvo. Os efeitos alelopáticos registados nas cianobactérias podem desempenhar um papel importante na dissuasão da colonização dos seus filamentos por organismos-alvo (Gantar et al., 2008). Os autores sugerem que os compostos alelopáticos segregados pelas cianobactérias podem ser responsáveis pela seleção natural e pela sua sucessão ecológica (Schlegel et al., 1999).

Tab. 2. Efeito alelopático das cianobactérias no crescimento das algas verdes visadas.

Donor organism	Target organism – green algae	Effect	References
Anabaena variabilis	*Chlorella vulgaris*	-	(Żak et al., 2012)
Anabaena oscillarioides	*Chlorella* sp.	-	(Lam and Silvester, 1979)
Anabaena torulosa	*Cosmarium* sp., *Scenedesmus armatus* var. *maior*, *Pandorina morum*	-	(Schagerl et al., 2002)
Anabaenopsis elenkinii	*Cosmarium* sp., *Scenedesmus armatus* var. *maior*, *Pandorina morum*	0	(Schagerl et al., 2002)
Aphanizomenon flexuosum	*Cosmarium* sp., *Scenedesmus armatus* var. *maior*, *Pandorina morum*	-	(Schagerl et al., 2002)
Calothrix parietina	*Ankistrodesmus falcatus*, *Scenedesmus obliquus*, *Chlorella fusca*	-	(Issa, 1999)
Calothrix sp.	*Coelastrum microporum*, *Monoraphidium convolutum*, *Scenedesmus acutus*	-	(Schlegel et al., 1999)
Fischerella sp.	*Coelastrum microporum*, *Monoraphidium convolutum*, *Scenedesmus acutus*	-	(Schlegel et al., 1999)
Geitlerinema splendidum	*Klebsormidium* sp.	0	(Valdor and Aboal, 2007)
Microcystis aeruginosa	*Chlorella* sp.	-	(Lam i Silvester, 1979)
Nodularia spumigena	*Chlorella vulgaris*	0/+/-	(Żak et al., 2012)
Nostoc muscorum	*Scenedesmus acutus*, *Pandorina morum*	-	(Schagerl et al., 2002)
Nostoc sp.	*Coelastrum microporum*, *Monoraphidium convolutum*, *Scenedesmus acutus*	0	(Schlegel et al., 1999)
Oscillatoria angustissima	*Ankistrodesmus falcatus*, *Scenedesmus obliquus*, *Chlorella fusca*	-	(Issa, 1999)

Oscillatoria sp.	*Klebsormidium* sp.	0	(Valdor and Aboal, 2007)
Phormidium sp.	*Klebsormidium* sp.	0	(Valdor and Aboal, 2007)
Planktothrix agardhii	*Chlorella vulgaris*	+/-	(Żak and Kosakowska, 2015)
Rivularia biasolettiana	*Klebsormidium* sp.	0	(Valdor and Aboal, 2007)

where: - means inhibiting effects, + means stimulating effect, 0 - means lack of effect

4.1.3. O efeito alelopático no crescimento das cianobactérias

Um conceito interessante no contexto evolutivo é a interação alelopática entre cianobactérias coexistentes. Dados da literatura indicam que algumas cianobactérias filamentosas são capazes de produzir compostos alelopáticos que afectam o crescimento de outras espécies de cianobactérias (Quadro 3). Flores e Wolk (1986) observaram que a cianobactéria fixadora de azoto *Nostoc* sp. produz compostos com diferentes pesos moleculares e actividades, e a sua estrutura química é muito instável. Estudos anteriores mostraram que os compostos produzidos pela cianobactéria bentónica *Scytonema hofmanni* inibem o crescimento de outras espécies de cianobactérias (Gleason e Baxa, 1986; Gleason, 1990). Além disso, a cianobactéria filamentosa e planctónica *Oscillatoria* sp. inibe o crescimento de cianobactérias e microalgas eucarióticas através da secreção de metabolitos secundários (Bagchi et al., 1990). Alguns anos mais tarde, Bagchi et al. (1993) mostraram que *Oscillatoria* sp. produz compostos alelopáticos que afectam *Microcytis aeruginosa.* Issa (1999) também estudou o efeito de compostos alelopáticos produzidos por *Oscillatoria angustissima* e *Calothrix parietina* noutras cianobactérias: *Microcystis aeruginosa, Synechococcus* sp., *Scytonema hofmonni, Anabaena spiroides, Phormidium molle, Nostoc muscorum, Oscillatoria angustissima* e *Calothrix parietina.* Com base nos resultados, o autor observou que as cianobactérias dos géneros *Oscillatoria, Calothrix, Nostoc* e *Anabena* são as espécies mais insensíveis aos compostos alelopáticos produzidos e libertados pelas cianobactérias analisadas. Além disso, Schagerl et al. (2002) mostraram que *Anabaena torulosa* é a única cianobactéria que inibe o crescimento de *Anabaena cylindrica* e *Microcystis flos-aquae.* Por outro lado, *Aphanizomenon* sp., *Cylindrospermum* sp. e *Nostoc muscorum* inibem espécies selecionadas de fitoplâncton. Sliwinska- Wilczewska et al. (2017a) descreveram os efeitos negativos do filtrado *de Synechococcus* sp. contra *Nostoc* sp. e *Phormidium* sp. Além disso, os autores mostraram que a adição de filtrado de picocianobactérias estimulou o crescimento de *A. flos-aquae* e não teve efeitos alelopáticos sobre *Rivularia* sp. Schagerl et al. (2002) observaram que *Nostoc* sp. reduz fortemente o crescimento de *A. cylindrica* e *M. flos-aquae*. Valdor e Aboal (2007) também mostraram que os extractos obtidos das cianobactérias *Oscillatoria* sp., *Rivularia biasolettiana*, *Rivularia haematites*, *Geitlerinema splendidum*, *Phormidium* sp, *Tolypothrix distorta* e *Scytonema myochrous* têm um efeito inibitório no crescimento de *Nostoc* sp., *Pseudocapsa* sp. e *Scytonema* sp. Após 4 dias de exposição, o crescimento de *Scytonema* sp. é inibido por todos os extractos de cianobactérias, exceto *R. biasolettiana*. *Pseudocapsa* sp. é inibida pelo extrato obtido de *R. haematites*, *G. splendidum*, *Phormidium* sp. e *Oscillatoria* sp. Além disso, verificou-se que *Pseudocapsa* sp. e *Nostoc* sp. são as espécies mais sensíveis e o seu crescimento é completamente inibido por todos os extractos de cianobactérias. Os autores observaram que o extrato obtido de *Oscillatoria* sp. tem o efeito mais forte sobre *Scytonema* sp. (Valdor e Aboal, 2007). Acredita-se que a alelopatia nos habitats aquáticos é uma das estratégias mais competitivas das cianobactérias, onde os organismos analisados, através da secreção de compostos alelopáticos, são capazes de inibir e diminuir outras espécies de cianobactérias (Suikkanen et al., 2006). Suikkanen et al. (2004) sugerem que o papel ecológico dos compostos alelopáticos produzidos pelas cianobactérias do Báltico pode causar a sua dominância durante o período estival. Consequentemente, os efeitos alelopáticos das cianobactérias, que inibem o crescimento de algumas outras espécies de cianobactérias, podem ser um fator-chave para a formação de florescências monoespecíficas destes organismos em muitos ecossistemas de água doce, marinhos e salobros.

Por outro lado, Suikkanen et al. (2005) mostraram que as cianobactérias do Báltico *Nodularia spumigena, Anabaena* cf. *lemmermannii* e *Aphanizomenon* sp. têm efeitos diferentes na comunidade fitoplanctónica natural, especialmente nas cianobactérias. Estes autores observaram o efeito estimulador dos organismos dadores em espécies selecionadas de cianobactérias, enquanto outras microalgas foram significativamente inibidas. O número de células de *Snowella* spp. e *Pseudanabaena* spp. foi significativamente mais elevado em todas as experiências com a adição de filtrado de cianobactérias do que nos tratamentos de controlo. Verificou-se que a adição de filtrado *de N. spumigena* aumenta significativamente a abundância de *N. spumigena* e *Anabaena* spp. Além disso, o filtrado de *Aphanizomenon* sp. resulta num aumento de 50 vezes do número de células *de Aphanizomenon* spp. em comparação com o controlo. Suikkanen et al. (2005) demonstraram que as cianobactérias podem afetar a comunidade fitoplanctónica natural, dependendo das espécies coexistentes presentes. Não se sabe exatamente por que razão as cianobactérias produzem compostos com atividade estimulante. Alguns investigadores acreditam que as cianobactérias são capazes de segregar alguns auto-estimulantes que aceleram o desenvolvimento da mesma espécie no ambiente (Swift et al., 1994). Em experiências laboratoriais com monoculturas, as cianobactérias inibem normalmente o crescimento de outras cianobactérias (Pushparaj et al., 1999; Gross, 2003). No entanto, em assembleias naturais, muitas espécies que coocorrem podem ter desenvolvido alguns mecanismos de proteção contra os metabolitos das cianobactérias e até beneficiar deles. Isto indica que alguns grupos de organismos podem mostrar tolerância aos compostos alelopáticos, o que pode ser o resultado da coevolução durante a sua coexistência no ecossistema aquático (Suikkanen et al., 2004).

Tab. 3. Efeito alelopático dos compostos de cianobactérias no crescimento das cianobactérias-alvo.

Donor organism	Target organism - cyanobacteria	Effect	References
Anabaena cf. *lemmermannii*	*Snowella* spp., *Pseudanabaena* spp.	+	(Suikkanen et al., 2005)
Anabaena torulosa	*Anabaena cylindrica, Microcystis flos-aquae*	-	(Schagerl et al., 2002)
Aphanizomenon sp.	*Snowella* spp., *Pseudanabaena* spp.	+	(Suikkanen et al., 2005)
Aphanizomenon sp.	*Aphanizomenon* sp.	+	(Suikkanen et al., 2005)
Calothrix parietina	*Anabaena spiroides, Nostoc muscorum, Oscillatoria angustissima, Calothrix parietina*	0	(Issa, 1999)
Geitlerinema	*Nostoc* sp., *Pseudocapsa* sp., *Scytonema* sp.	-	(Valdor and Aboal, 2007)

splendidum			
Nodularia spumigena.	*Snowella* spp., *Pseudanabaena* spp.	+	(Suikkanen et al., 2005)
Nodularia spumigena	*N. spumigena, Anabaena* spp.	+	(Suikkanen et al., 2005)
Nostoc sp.	*Anabaena cylindrica, Microcystis flos-aquae*	-	(Schagerl et al., 2002)
Oscillatoria angustissima	*Anabaena spiroides, Nostoc muscorum, Oscillatoria angustissima, Calothrix parietina*	0	(Issa, 1999)
Oscillatoria sp.	*Microcytis aeruginosa*	-	(Bagchi et al., 1993)
Oscillatoria sp.	*Nostoc* sp., *Pseudocapsa* sp., *Scytonema* sp.	-	(Valdor and Aboal, 2007)
Phormidium sp.	*Nostoc* sp., *Pseudocapsa* sp., *Scytonema* sp.	-	(Valdor and Aboal, 2007)
Rivularia haematites	*Nostoc* sp., *Pseudocapsa* sp., *Scytonema* sp.	-	(Valdor and Aboal, 2007)
Synechococcus sp.	*Nostoc* sp., *Phormidium* sp.	-	(Śliwińska-Wilczewska et al., 2017a)
Synechococcus sp.	*Aphanizomenon flos-aquae*	+	(Śliwińska-Wilczewska et al., 2017a)
Synechococcus sp.	*Rivularia* sp.	0	(Śliwińska-Wilczewska et al., 2017a)

where: - means inhibiting effects, + means stimulating effect, 0 - means lack of effect

4.2. O efeito alelopático na fluorescência da clorofila *a*

A fluorescência da clorofila *a* está estabelecida como uma técnica rápida e não intrusiva para monitorizar o desempenho fotossintético de plantas, algas e cianobactérias, bem como para analisar as suas respostas protectoras (Maxwell, 2000; Suresh Kumar et al., 2014; Machado et al, 2015). Este é também um método altamente sensível para examinar as respostas de cianobactérias e algas ao stress (Sestak e Siffel, 1997; Campbell et al., 1998; Suresh Kumar et al., 2014; Machado et al, 2015) também causado pela atividade alelopática (Sukenik et al., 2002; Prince et al., 2008a,b; Song et al., 2017). Sukenik et al. (2002) investigaram os efeitos alelopáticos da cianobactéria *Microcystis* sp. sobre *Peridinium* sp. utilizando o método PAM. A análise dos parâmetros de fluorescência mostrou que a adição do filtrado livre de células reduz o parâmetro de fluorescência $(F_m - F_0)/F_m$ em *Peridinium* sp. em 35% (de 0,60 para 0,39). Estes resultados sugerem que a adição de filtrado de *Microcystis* sp. provoca um transporte mais lento de electrões para o PSI do *Peridinium* sp. alvo. Existem também outros relatórios que indicam que os compostos alelopáticos de cianobactérias inibem a atividade fotossintética dos organismos alvo. Sliwinska-Wilczewska et al. (2017 a) testaram a atividade alelopática de *Synechococcus* sp. sobre o crescimento, o teor de pigmentos e a fluorescência da clorofila das cianobactérias filamentosas *Aphanizomenon flos-aquae, Nostoc* sp., *Phormidium* sp. e *Rivularia* sp. através da adição única e repetida de filtrado sem células. Os autores examinaram que os efeitos alelopáticos contra as cianobactérias testadas foram amplificados por adições repetidas de filtrado em comparação com a adição de um único filtrado e a redução máxima no crescimento e um rendimento quântico máximo da fotoquímica do fotossistema II (PSII) (F /F_{vm}) em relação aos controlos foram observados para *Phormidium* sp. Além disso, Figueredo et al. (2007) observaram que o filtrado obtido de *C. raciborskii* inibe o PSII de espécies-alvo. Verificou-se também que *Microcystis aeruginosa* foi o organismo mais sensível no estudo. Por outro lado, *Navicula* sp. não é suscetível aos compostos produzidos por *C. raciborskii.* Além disso, foi registada uma ligeira inibição da fotossíntese em *Microcystis wesenbergii, Monoraphidium contortum* e *Coelastrum sphaericum.* Estas diferenças podem ser explicadas pela morfologia e fisiologia diferentes dos organismos examinados. Uma vez que a medição da fluorescência está correlacionada com a fotossíntese bruta, Figueredo et al. (2007) concluíram que a redução da atividade fotossintética pode afetar o crescimento dos organismos-alvo. A medição da fluorescência pelo método PAM mostrou que as cianobactérias são capazes de inibir a atividade PSII em organismos-alvo selecionados (Figueredo et al., 2007). Além disso, Gantar et al. (2008) mostraram que o extrato obtido de *Fischerella* sp. inibe a fluorescência da alga verde *Chlamydomonas* sp. e esta inibição depende da concentração do extrato e do tempo de exposição. A espetrometria de massa mostrou que os compostos produzidos por *Fischerella* sp. pertencem a alcalóides. Além disso, à medida que a concentração de *Fischerella* sp. aumenta, a taxa de crescimento e a fluorescência em *Chlamydomonas* sp. são reduzidas (Gantar et al., 2008). Estudos mais pormenorizados foram realizados por Prince et al. (2008b), que analisaram o efeito de *K. brevis* no parâmetro fotossintético F /F $_{.vm}$

Os autores mostraram que 5 organismos-alvo *(Akashiwo* cf. *sanguinea, Amphora* sp., *Asterionellopsis glacialis, P. minimum* e *S. costatum)* apresentam uma diminuição da eficiência fotossintética após 1 hora de exposição ao extrato de *K. brevis*. A diminuição drástica do desempenho do PSII foi registada em *S. costatum,* que foi 68% inferior ao controlo. Além disso, o extrato obtido de *K. brevis* resulta na inibição do parâmetro de fluorescência de todas as microalgas examinadas, e o efeito depende da fase de crescimento do organismo dador. Com base nos resultados obtidos em *A. glacialis, P. minimum* e *S. costatum,* a inibição do PSII é observada tanto na fase de crescimento exponencial como na fase estacionária. Após a adição do extrato, o $F\ /F_{vm}$ varia entre 65-77% em relação ao controlo. A eficiência do processo de fotossíntese em *A. glacialis* e *P. minimum* é mais inibida durante a fase de crescimento exponencial (39-48% inferior), enquanto durante a fase estacionária é cerca de 20% inferior em comparação com o controlo. Também o parâmetro de fluorescência $F\ /F_{vm}$ de *Akashiwo* cf. *sanguinea* é inibido durante a fase de crescimento exponencial sob a influência do extrato de *K. brevis* e varia entre 33-53%. Curiosamente, *Amphora* sp., cujo crescimento não é inibido pelo extrato *de K. brevis* após 48 horas de exposição, mostra uma redução de 65% no parâmetro de fluorescência após 1 hora de exposição ao filtrado obtido a partir de culturas de *K. brevis*. Por outro lado, os autores observaram uma maior inibição da fotossíntese em *A.* cf. *sanguinea* e *S. costatum* após 24 horas de exposição, do que após 1 hora de exposição ao extrato *de K. brevis* (Prince et al., 2008b). A inibição da eficiência fotossintética pelo extrato obtido de *K. brevis* coincide com um efeito negativo sobre o crescimento dos organismos-alvo. As espécies que são fortemente inibidas pela adição do extrato *(Asterionellopsis glacialis, P. minimum* e *S. costatum)* apresentam também uma redução do parâmetro de fluorescência. Além disso, a medição do desempenho do PSII por compostos alelopáticos é um método mais sensível do que a determinação da inibição do crescimento das culturas alvo. Estudos demonstraram que a inibição do PSII ocorre após 1 hora de exposição a compostos produzidos por *K. brevis,* enquanto a inibição do crescimento é registada após 2-4 dias de experiência. Devido à sensibilidade deste método, acredita-se que a medição do desempenho do PSII pode fornecer informações sobre quando os organismos-alvo são mais susceptíveis aos compostos alelopáticos.

As medições da fluorescência são também particularmente úteis em situações de stress que podem afetar a fisiologia das cianobactérias e das microalgas (Suresh Kumar et al., 2014;

Machado et al, 2015). Diferentes parâmetros têm um significado fisiológico, mas o Fv/Fm é o mais correlacionado com a fotossíntese e a viabilidade da planta (Kolber et al., 1988). Os valores dos parâmetros de fluorescência, como F /F_{vm} , podem determinar o desempenho fotossintético das plantas tratadas com diferentes factores ambientais (Jodlowska e Sliwinska, 2014; Suresh Kumar et al., 2014). Os valores elevados do parâmetro F /F_{vm} indicam o potencial relativamente elevado do PSII nos organismos testados. Por outro lado, níveis baixos desses valores indicam alguma perturbação no processo de fotossíntese. Lang et al. (1996) verificaram que o funcionamento do PSII é o indicador mais sensível de vários factores de stress nos organismos vegetais. As alterações da atividade do PSII podem ser rapidamente determinadas por medições da fluorescência da clorofila. Os resultados obtidos a partir das medições podem indicar a condição do organismo (Jodlowska e Sliwinska, 2014; Suresh Kumar et al., 2014; Machado et al, 2015), porque a fluorescência da clorofila é uma medida da eficácia do aparelho fotossintético (Demming e Bjorkman, 1987; Qian et al., 2010).

4.2. O efeito alelopático na fotossíntese

A inibição da fotossíntese, o principal processo fisiológico em produtores primários concorrentes, é uma estratégia de defesa eficaz em muitas cianobactérias e microalgas aquáticas (Gross, 2003; Ma et al., 2015). As cianobactérias e as microalgas produzem substâncias bioactivas que podem inibir a fotossíntese de espécies de fitoplâncton coexistentes. Issa (1999) relatou os efeitos dos compostos produzidos por *Oscillatoria* sp. e *Calothrix* sp. sobre o crescimento e a fotossíntese de *Chlorella fusca.* O autor observou que a taxa de crescimento e a fotossíntese de *C. fusca* são significativamente inibidas após o terceiro dia de exposição ao filtrado de cianobactérias. Os dados da literatura indicam que muitos compostos alelopáticos causam danos nas membranas dos tilacóides, resultando num menor teor de clorofila nas células de cianobactérias e microalgas (Moreland, 1980; Gleason e Paulson, 1984) e inibem o transporte de electrões no fotossistema II (Chauhan et al., 1992). Von Elert e Juttner (1997) também demonstraram que os compostos alelopáticos obtidos a partir de culturas de *T. doliolum* inibem o fluxo de electrões no PSII de outras cianobactérias. Sliwinska-Wilczewska et al. (2016) demonstraram que o *Synechococcus* sp. revela atividade alelopática sobre a fotossíntese máxima (P_m) que resulta na inibição do crescimento da diatomácea alvo *N. perminuta.* Além disso, estudos efectuados por Schlegel et al. (1999) mostraram que *A. doliolum* é inibida por compostos produzidos por *Fischerella* JAVA 94/20

durante o seu crescimento, mas não quando são cultivadas no escuro. Isto sugere que as substâncias bioactivas produzidas por estes organismos estão diretamente relacionadas com a fotossíntese, ou que a produção destes compostos por *Fischerella* sp. é maior à luz. Por outro lado, *Fischerella* sp. NEP 95/1 inibe o crescimento de *Anabaena* sp. em ambiente claro e escuro. Os autores sugeriram que os efeitos alelopáticos observados podem ser explicados pela diferente permeabilidade da membrana nos organismos-alvo. Além disso, Sukenik et al. (2002) mostraram que a adição de filtrado de *Microcystis* sp. afecta a fotossíntese líquida e a produção de oxigénio, que é 45% inferior à do controlo. Por outro lado, a adição de microcistina-LR não resulta na diminuição da produção de oxigénio dos organismos-alvo. Estes resultados sugerem que os compostos alelopáticos produzidos por *Microcystis* sp., mas não a microcistina pura, inibem a fotossíntese no alvo *Peridinium* sp. Outros estudos mostraram que várias espécies de cianobactérias do género *Fischerella* têm a capacidade de produzir compostos bioactivos - fischerellin, que inibe a atividade PSII (Gross et al., 1991). A estrutura química deste composto foi descrita por Hagmann e Juttner (1996) e examinada em pormenor no contexto da inibição do PSII por Srivastava et al. (1998). Os autores verificaram que a fischerelina é um composto que inibe quatro sítios diferentes no PSII. Além disso, foi demonstrado que a fischerelina A inibe o PSII em cianobactérias e algas eucarióticas, mas não em bactérias púrpuras. Isto pode indicar que este composto perturba geralmente a atividade das membranas na fotossíntese. Além disso, os autores observaram que a fischerelina é hidrofóbica, pode atravessar as membranas celulares e acumular-se nos tilacóides dos organismos-alvo. É interessante que a fischerelina A não inibe o transporte de electrões associado à respiração nas cianobactérias, mas é capaz de inibir este transporte nos fungos *Uromyces appendiculatus* (Hagmann e Juttner,
1996) . Em 1982, outro composto alelopático inibidor do PSII - a cianobacterina - foi isolado da cianobactéria *Scytonema hofmanni* (Gleason e Paulson, 1984). Além disso, esta cianobactéria é capaz de inibir o fluxo de electrões na quinona A (Mallipudi e Gleason, 1989). Foi também demonstrado que este composto danifica os tilacóides da *Euglena gracilis,* mas não afecta o crescimento de organismos heterotróficos (Gleason, 1990). Dois outros compostos - a cianobacterina LU-1 e LU-2 - são produzidos pelas estirpes CALU 892 e 893 *de Nostoc linckia* (Gromov et al., 1991; Vepritskii et al., 1991). Ambos os compostos afectam a produção de oxigénio na fase luminosa da fotossíntese em cianobactérias através da inibição do transporte de electrões no PSII. Foi também demonstrado que a estirpe 31 de *Nostoc* sp.,

identificada por Flores e Wolk (1986), tem a capacidade de produzir um composto denominado nostocilamida. Verificou-se que este composto em baixas concentrações aumenta a produção de oxigénio e a respiração nas cianobactérias *Anabaena* sp. e *Synechococcus* sp. (Juttner,

1997) . Singh et al. (2001) mostraram que a microcistina inibe o crescimento de *Nostoc muscorum* e *Anabena* sp. e esta inibição está também associada a uma redução da fotossíntese. Além disso, Suikkanen et al. (2006) mostraram que o filtrado obtido das cianobactérias *Aphanizomenon flos-aquae* e *Nodularia spumigena* inibe *Rhodomonas* sp. após 1 semana de exposição, enquanto a inibição do^{14} CO_2 e da concentração de clorofila é notada após 2 e 3 dias de experiência. Estes resultados confirmam a hipótese de que a inibição do crescimento causada pelo filtrado está diretamente relacionada com a inibição da fotossíntese.

Outros estudos mostraram também que os compostos produzidos por *Myriophyllum spicatum* inibem a fotossíntese de diferentes cianobactérias (Korner e Nicklisch, 2002; Leu et al., 2002). Korner e Nicklisch (2002) mostraram que *o M. spicatum* tem efeitos diferentes consoante as cianobactérias e as diatomáceas testadas. Os compostos segregados por *M. spicatum* inibem tanto o crescimento como o PSII dos organismos-alvo em concentrações que ocorrem naturalmente no ambiente. O modo de ação destes compostos no PSII foi examinado em pormenor por Leu et al. (2002). Tanto os extractos lipofílicos como uma clara telimagrandina II afectam o transporte de electrões na cianobactéria *Anabaena* sp. PCC 7120. Estudos demonstraram que as cianobactérias são capazes de produzir compostos bioactivos que afectam muitos processos bioquímicos. Pensa-se que os compostos alelopáticos podem afetar o transporte fotossintético de electrões e a síntese de pigmentos (Moreland, 1980; Boger e Sandmann, 1993). Além disso, estes compostos são geralmente solúveis em solventes orgânicos, insolúveis em água e têm baixo peso molecular (Smith e Doan, 1999). Estas propriedades ajudam-nos a penetrar na membrana dos tilacóides onde ocorre a fotossíntese (Smith e Doan, 1999). A inibição do PSII pode resultar em menor produção primária, resultando em taxas de crescimento mais lentas de espécies de cianobactérias concorrentes (Figueredo et al., 2007). Estes resultados também confirmam que os compostos alelopáticos têm um modo de ação mais amplo nos organismos-alvo do que os inibidores sintéticos (Duke et al., 2001).

4.3. Outros modos de ação dos compostos alelopáticos

Os dados da literatura indicam que as cianobactérias e as microalgas são capazes de produzir e libertar uma variedade de compostos que inibem a atividade das enzimas (Gross, 2003; Leflaive e Ten-Hage, 2007). Juttner e Wu (2000) observaram que 20% das cianobactérias isoladas do biofilme de água doce de Taiwan inibem a atividade da a-glucosidase. Além disso, o composto isolado de *Spirogyra varians* foi identificado como o principal inibidor da a-glucosidase (Cannell et al., 1987). Outro composto extracelular de baixo peso molecular isolado da cianobactéria *Anabaena* sp. inibe a a-amilase (Winder et al., 1989). Além disso, os compostos fenólicos como o ácido clorogénico, o ácido cafeico e o ácido catequínico podem inibir a atividade da fosforilase, e o ácido cinâmico e os seus derivados podem inibir a atividade de hidrólise da ATPase (Ilori e Ilori, 2012; Mendes e Vermelho, 2013).

Outros estudos indicam que compostos alelopáticos também podem inibir a síntese de RNA e a replicação do DNA (Doan et al., 2001; Mendes e Vermelho, 2013). 12- O alcaloide isonitrila epi-Hapalindole E isolado de *Fischerella* sp. e a calothrixina A isolada de *Calaothrix* sp. inibem a síntese de RNA de *Bacillus subtilis.* Estes compostos também inibem diretamente a RNA polimerase de *Escherichia coli.* Além disso, a calotrixina A isolada desta cianobactéria inibe a replicação do ADN (Doan et al., 2001).

Atualmente, pouco se sabe sobre a capacidade de produzir compostos alelopáticos que causam a paralisia da célula-alvo (Leflaive e Ten-Hage, 2007). Dados da literatura indicam que a cianobactéria *Anabaena flosaquae* produz compostos que causam a paralisia da alga verde concorrente *Chlamydomonas reinhardtii* (Kearns e Hunter, 2001; Uchida, 2001). Os autores sugeriram que este modo de ação dos compostos alelopáticos pode favorecer a ocorrência de espécies dadoras em detrimento de outros fotoautótrofos concorrentes.

A destruição das membranas celulares é outro modo de ação possível dos compostos alelopáticos. Graneli e Hansen (2006) descreveram que alguns dinoflagelados (*Alexandrium* spp. e *Heterocapsa circularisquama*) e prymnesiophytes (*P. parvum* e *Chrysochromulina polylepis*) causam a lise das células da maioria dos seus competidores. Fistarol et al. (2004a, b), mostraram que a obtenção de filtrado de *Alexandrium tamarense* resulta em lise celular, perda de pigmentação, aumento de células vazias e formação de cistos de criação em *Scrippsiella trochoidea.* Além disso, Valdor e Aboal (2007) observaram que o filtrado livre de células obtido de *Oscillatoria* sp. causa a separação dos filamentos de *Pseudocapsa* sp. e

Nostoc sp. Da mesma forma, Gantar et al. (2008) examinaram que, após serem expostas aos compostos alelopáticos de *Fischerella* sp. as células de *Chlamydomonas* sp. apresentam alterações morfológicas e estruturais. Os autores observaram que a microscopia eletrónica revela a degeneração dos tilacóides e o desaparecimento de outras estruturas celulares, incluindo o núcleo. Essas alterações envolveriam mudanças fisiológicas, particularmente no que diz respeito à fotossíntese, como sugerido por Sedmak e Elersek (2005). No entanto, é necessária mais investigação para poder caraterizar e compreender melhor e de forma mais complexa o impacto dos aleloquímicos nos modos de ação dos organismos-alvo.

5. Caraterísticas de compostos alelopáticos selecionados

Nos últimos anos, o interesse pelos compostos biologicamente activos produzidos por cianobactérias e microalgas tem aumentado consideravelmente. A atividade dos metabolitos secundários é caracterizada pelo seu potencial e modos de ação específicos (Jones et al., 2009; Berry, 2011; Mendes e Vermelho, 2013). Os compostos alelopáticos desempenham um papel na interação entre os organismos dadores e os seus concorrentes diretos ou predadores (organismos alvo). Por outro lado, as toxinas são identificadas principalmente em função do seu efeito nocivo sobre o organismo, incluindo aquelas que podem não estar presentes no seu ambiente imediato. No entanto, estas duas definições não são contraditórias. De acordo com a nova definição de alelopatia, pensa-se que as toxinas podem ser classificadas como compostos alelopáticos porque têm um impacto sobre as plantas e os animais coexistentes (Leflaive e Ten-Hage, 2007). Além disso, os compostos produzidos por cianobactérias e microalgas podem ser quirais e apresentar-se em duas formas activas (enantiómeros). Além disso, em muitos casos, um dos enantiómeros pode ter propriedades tóxicas, enquanto o outro pode ser inativo ou antagónico, mas os conhecimentos sobre estes aspectos são ainda muito limitados (Skulberg, 2000).

As cianobactérias são um dos grupos mais diversificados de organismos Gram-negativos, procarióticos e fotossintéticos devido à sua morfologia, fisiologia e metabolismo (Codd, 1995; Whitton, 2008). Além disso, estes organismos estão presentes em praticamente todos os locais do mundo, desde os oceanos, reservatórios de água doce e salobra, até aos habitats terrestres (Whitton e Potts, 2012). A consequência da ocorrência de cianobactérias em ambientes tão diversos é a capacidade de produzir e segregar uma série de metabolitos secundários diferentes (Rastogi e Sinha, 2009), dos quais apenas uma pequena fração foi identificada e isolada (Tab. 4).

A diversidade química dos metabolitos secundários é particularmente evidente na cianobactéria *Lyngbya majuscula.* Esta cianobactéria filamentosa é capaz de produzir quantidades excecionalmente grandes de vários metabolitos secundários, como a apratoxina A, a majusculamida A-D, a lyngbyatoxina A ou o tanikolide, que constituem um grupo de compostos completamente novo (Burja et al., 2001; Glowacka et al., 2007). Estes metabolitos secundários podem também formar um grupo de policetídeos, lipopeptídeos, péptidos cíclicos e muitos outros. A calquitoxina é uma neurotoxina lipopeptídica (Berman et al., 1999), que bloqueia os canais de sódio nos neurónios, levando à paralisia e morte muscular. Por sua vez, a aplysiatoxina produzida por esta cianobactéria (Mynderse et al., 1977) é um bislacton fenólico que induz a expansão linfática, congestão capilar, diarreia e hemorragia, dependendo da concentração. *A L. majuscula* marinha é também capaz de produzir debromoaplysiatoxina que provoca uma dermatite aguda (Kuiper-Goodman et al., 1999). O modo de ação de outra neurotoxina - a antitoxina de *L. majuscula* isolada do Curasao (Li et al., 2001), que tem um efeito narcótico potente (Shimizu, 2003), também foi caracterizado.

Mason et al. (1982) descreveram as caraterísticas da y-lactona clorada, que foi denominada cianobacterina. Este composto foi isolado da cianobactéria *Scytonema hofmanni* e provocou a inibição do crescimento das cianobactérias e da atividade do PSII, mas não afectou os microrganismos heterotróficos (Gleason e Case, 1986). Estudos demonstraram que a cianobactéria também causou danos na parede celular de *Synechococcus* sp. (Gleason e Paulson, 1984) e causou danos nas membranas tilacóides de *Euglena gracilis* (Gleason, 1990).

Outros organismos capazes de produzir uma vasta gama de compostos alelopáticos, como a criptofina, a microsporina A, a muscarina e a noscina, são as cianobactérias do género *Nostoc* (Glowacka et al., 2007). Vepritskii et al. (1991) e Gromov et al. (1991) identificaram os compostos produzidos pela cianobactéria *Nostoc linckia*, que inibiam o crescimento de algas fotossintéticas. Estes compostos foram designados por cianobacterina LU-1 e LU-2, mas não têm qualquer semelhança estrutural com a cianobacterina anteriormente descrita. Estes novos compostos identificados inibiram o transporte de electrões no PSII. Foi demonstrado que a cianobacterina LU-1 inibe as cianobactérias e as microalgas, mas não afecta os organismos heterotróficos. A cianobacterina LU-2 apenas inibiu o desenvolvimento de cianobactérias (Berry et al., 2008). As cianobactérias do género *Nostoc* também são capazes de produzir outros compostos alelopáticos, como a nostociclamida, a nostocina A e a nostocarbolina, que apresentam atividade antimicrobiana (Todorova e Juttner, 1995; Hirata et al., 2003; Becher et al., 2005). As nostociclamidas (Todorova e Juttner, 1995) são péptidos cíclicos que afectam o transporte de electrões na fotossíntese (Smith e Doan, 1999). Foi também identificada a nostociclamida M, estruturalmente semelhante, que inibe o crescimento de cianobactérias (Juttner et al. 2001). Hirata et al. (1996) isolaram e caracterizaram a nostocina A de *Nostoc spongiaeforme,* que inibia principalmente o crescimento de microalgas (Hirata et al., 2003). Além disso, Becher et al. (2005) identificaram o alcaloide carbónico - nostocarbolina, que inibia a fotossíntese de diferentes espécies de cianobactérias, incluindo *Microcystis aeruginosa.*

Outros compostos alelopáticos produzidos por cianobactérias são os alcalóides hapalindole e derivados, como o 12-epi-Hapalindole E isonitrile, isolado dos géneros *Hapalosiphon* e *Fischerella* (Berry, 2011). Estudos demonstraram que o hapalindole A isolado da cianobactéria *Hapalosiphon fontinalis* (Moore et al., 1984) tem propriedades antialgas e antifúngicas, que podem ter um significado ecológico importante. *A Fischerella muscicola* é capaz de produzir fischerellin A e B, bem como uma série de alcalóides indólicos e um hapalindole que inibem o PSII (Srivastava et al., 1998; Gantar et al., 2008). Em contraste, a calotrixina pentacíclica A e B isolada de *Calothrix* sp. (Rickards et al., 1999) tem a capacidade de inibir a RNA polimerase e a síntese de DNA (Doan et al., 2000).

Entre todos os compostos produzidos pelas cianobactérias, as toxinas são as mais bem investigadas devido aos seus efeitos na saúde humana e às perdas económicas. As toxinas de cianobactérias mais comuns são a microcistina e a nodularina. A nodularina produzida por *Nodularia spumigena* é um inibidor da proteína fosfatase (MacKintosh et al., 1990; Honkanan et al., 1994). A microcistina é produzida por cianobactérias planctónicas pertencentes principalmente aos géneros *Microcystis*, *Synechococcus*, *Anabaena*, *Hapalasiphon*, *Planktothrix* e algumas *Oscillatoria* bentónicas (Domingos et al., 1999; Wiegand e Pflugmacher, 2005; Jakubowska e Szelag-Wasilewska, 2015). Atualmente, foram descritos mais de 75 tipos diferentes de microcistinas, e o número de espécies de cianobactérias conhecidas por produzirem esta toxina aumenta significativamente (Jakubowska e Szelag-Wasilewska, 2015). Verificou-se que a microcistina inibia o crescimento das cianobactérias *Nostoc* sp., *Synechococcus* sp. e *Anabaena* sp. (Singh et al., 2001) e da microalga *Chlamydomonas* sp. (Kearns e Hunter 2001). Hu et al. (2004) observaram que este composto influenciava o conteúdo de pigmentos e o PSII dos organismos-alvo. Foi também observado que *Spirogyra* sp. estimulou a produção de microcistinas em *Oscillatoria agradhii* (Mohamed, 2002), sugerindo a possibilidade de produção destes compostos em resposta à presença potencial de competidores.

Outras toxinas produzidas por cianobactérias incluem: anatoxina-a (produzida por cianobactérias dos géneros *Anabaena* e *Oscillatoria),* anatoxina-a(s) (isolada de *Anabaena circinalis* e *Aphanizomenon flos-aquae),* que têm um forte efeito neurotóxico, cilindrospermopsina (produzida por *Cylindrospermopsis raciborskii*), espumigina (isolada de *N. spumigena* e *Sphaerospermopsis torques-reginae*), bem como a saxitoxina (produzida por

Aphanizomenon sp. e *Anabaena* sp.), que bloqueia os canais de sódio e potássio (Burja et al, 2001; Glowacka et al., 2007; Sanz et al., 2015).

Tab. 4. Compostos alelopáticos selecionados produzidos por cianobactérias.

Compounds	Donor organism	Referrence
anatoxin-a	*Anabaena flos-aquae, Oscillatoria formosa*	(Głowacka et al., 2007)
anatoxin-a(s)	*Anabaena circinalis, Anabaena flos-aquae*	(Głowacka et al., 2007)
antitoxin	*Lyngbya majuscula*	(Li et al., 2001)
aplysiatoxin	*Lyngbya majuscula*	(Mynderse et al., 1977)
apratoxin A	*Lyngbya majuscula*	(Głowacka et al., 2007)
calothrixin A and B	*Calothrix* sp.	(Rickards et al., 1999)
cyanobacterin	*Scytonema hofmanni*	(Mason et al., 1982)
cyanobacterin LU-1 and LU-2	*Nostoc linckia*	(Gromov et al., 1991; Vepritskii et al., 1991)
cylindrospermopsin	*Cylindrospermopsis raciborskii*	(Głowacka et al., 2007)
debromoaplysiatoxin	*Lyngbya majuscula*	(Kuiper-Goodman et al., 1999)
fischerellin A and B	*Fischerella muscicola*	(Głowacka et al., 2007)
hapalindole A	*Hapalosiphon fontinalis*	(Moore et al., 1984)
kalkitoxin	*Lyngbya majuscula*	(Berman et al., 1999)
criptoficin	*Nostoc* sp.	(Głowacka et al., 2007)
lyngbyatoxin A	*Lyngbya majuscula*	(Głowacka et al., 2007)

majusculamide A-D	*Lyngbya majuscula*	(Burja et al., 2001)
microcystin	*Anabaena flos-aquae*, *Hapalasiphon* sp., *Microcystis aeruginosa*, *Oscillatoria agardhii*, *Synechococcus* sp., *Planktothrix* sp.	(Domingos et al., 1999; Burja et al., 2001)
microsporin A	*Nostoc* sp.	(Burja et al., 2001)
muscorid A	*Nostoc* sp.	(Burja et al., 2001)
nodularin	*Nodularia spumigena*	(Glowacka et al., 2007)
noscomin	*Nostoc* sp.	(Burja et al., 2001)
nostocarboline	*Nostoc* sp.	(Becher et al., 2005)
nostocyclamide	*Nostoc* sp.	(Todorova and Jüttner, 1995)
nostocyclamide M	*Nostoc* sp.	(Jüttner et al., 2001)
nostocin A	*Nostoc spongiaeforme*	(Hirata et al., 1996)
saxitoxin	*Anabaena circinalis*, *Aphanizomenon flos-aquae*	(Glowacka et al., 2007)
spumigin	*Nodularia spumigena*, *Sphaerospermopsis torques-reginae*	(Glowacka et al., 2007; Sanz et al., 2015)
tanikolide	*Lyngbya majuscula*	(Burja et al., 2001)

Além disso, há também relatos da capacidade de segregar compostos alelopáticos por diferentes microalgas (Tab. 5). Algumas espécies de dinoflagelados são conhecidas por produzirem uma variedade de metabolitos secundários. Um composto da *Karenia brevis*, que se sabe ter provocado grandes florescimentos, foi designado por brevetoxina (Kubanek et al., 2005). Além disso, Adolf et al. (2006) demonstraram os efeitos alelopáticos da karlotoxina isolada de *Karlodinium micrum*. Além disso, o ácido okadaico e a dinophysistoxina-1 produzidos por *Prorocentrum lima* são capazes de inibir a proteína fosfatase em plantas superiores e animais (McLachlan et al., 1994). Além disso, as saxitoxinas são produzidas por *Alexandrium catenella, Alexandrium ostenfeldii, Alexandrium tamarense, Gymnodinium catenatum* e *Pyrodinium* sp. marinhos e de água doce (Rodriguez-Ramos et al., 2007). Existem também estudos que mostram a capacidade de produção de compostos alelopáticos pelas algas douradas. Sieburth (1960) observou que *Phaeocystis* sp. exibia atividade antibiótica sobre *Staphylococcus aureus* e *Mycobacteriurn smegmatis* através da produção de ácido acrílico. Além disso, outros compostos alelopáticos - prymnesin 1 e 2 produzidos por

P. parvum causam uma diminuição da atividade hemolítica e das membranas celulares intersticiais de outras espécies de algas (Igarashi et al., 1999; Schmidt e Hansen, 2001; Fistarol et al., 2003, 2004a). As diatomáceas são também conhecidas por produzirem metabolitos secundários activos. O ácido domóico é produzido por *Pseudo- nitzschia* sp. e *Nitzschia* sp. (Fehling et al., 2004) e causa despolarização neuronal (Turner e Tester, 1997). Além disso, as diatomáceas marinhas e de água doce *Skeletonema marinoi* e *Thalassiosira* sp. são capazes de produzir aldeídos poliinsaturados (PUAs) (Ianora et al., 2011). A capacidade de segregar metabolitos secundários activos também foi relatada em algumas espécies de algas verdes. Pratt et al. (1944) isolaram e caracterizaram a clorelina, um composto produzido por *Chlorella vulgaris*. Outro composto produzido pela *C. vulgaris* é a portoamida (Berry, 2011). Dakshini (1994) salientou que *C. vulgaris* e *Chlorella pyrenoidosa* durante o crescimento são capazes de produzir ácido acético, glicólico, lático, pirúvico, tx-cetoglutárico e acetacético. Foi também descrita a atividade alelopática *de Botryococcus braunii,* que é capaz de segregar compostos de ácidos gordos livres, incluindo os ácidos a-linoleico, oleico, linoleico e palmítico, que inibem o transporte de electrões nos cloroplastos (Chiang et al., 2004).

Tab. 5. Compostos alelopáticos selecionados produzidos por microalgas.

Allelopathic compounds	Donor organisms	Referrence
	Pyrrophyta	
brevetoxin	*Karenia brevis*	(Kubanek et al., 2005)
dinophysistoxin-1	*Prorocentrum lima*	(McLachlan et al., 1994)
karlotoxin	*Karlodinium micrum*	(Adolf et al., 2006)
okadaic acid	*Prorocentrum lima*	(McLachlan et al., 1994)
saxitoxin	*Alexandrium catenella, Alexandrium ostenfeldii, Alexandrium tamarense, Gymnodinium catenatum, Pyrodinium* sp.	(Rodríguez-Ramos et al., 2007)
	Chrysophyta	
acrylic acid	*Phaeocystis* sp.	(Sieburth, 1960)
domoic acid	*Pseudo-nitzschia* sp., *Nitzschia* sp.	(Fehling et al., 2004)
prymnesin 1 and 2	*Prymnesium parvum*	(Igarashi et al., 1999)
PUAs	*Skeletonema marinoi, Thalassiosira* sp.	(Ianora et al., 2011)

	Chlorophyta	
chlorellin	*Chlorella vulgaris*	(Pratt et al., 1944)
portoamide	*Chlorella vulgaris*	(Berry, 2011)
acetic, glycolic, lactic, pyruvic, tx-ketoglutaric and acetacetic acid	*Chlorella vulgaris, Chlorella pyrenoidosa*	(Dakshini, 1994)
α-linoleic, oleic, linoleic and palmitic acids	*Botryococcus braunii*	(Chiang et al., 2004)

Infelizmente, o número de relatórios sobre os produtos aleloquímicos produzidos por diferentes cianobactérias e microalgas é ainda limitado (Berry et al., 2008; Leao et al., 2012). Por conseguinte, é importante realizar mais investigação sobre o fenómeno da alelopatia e reconhecer o papel ecológico dos compostos alelopáticos produzidos pelas cianobactérias e microalgas em ecossistemas de água doce, salobra e marinhos.

6. Papel das interações alelopáticas no ambiente aquático

As interações alelopáticas entre diferentes espécies de fitoplâncton através da secreção de metabolitos secundários podem desempenhar um papel significativo nos ambientes aquáticos (Suikkanen et al., 2006). A produção de compostos alelopáticos activos é uma adaptação importante através da qual algumas cianobactérias e microalgas podem promover uma vantagem competitiva sobre outros produtores primários (Legrand et al., 2003). Está também provado que as alterações na composição e estrutura do fitoplâncton se devem à composição variável dos compostos alelopáticos que afectam diferentes organismos-alvo (Barreiro e Hairston Jr, 2013; Barreiro et al., 2017). Outros estudos mostraram que o organismo-alvo pode ser completamente eliminado, inibido, resistente e, às vezes, até estimulado por compostos alelopáticos presentes no ambiente (Fistarol et al., 2003; 2004a; Suikkanen et al., 2004). Pensa-se que a estimulação selectiva ou a inibição do crescimento de espécies individuais pode contribuir para a sucessão de algumas espécies de fitoplâncton no ambiente aquático (Legrand et al., 2003).

O fenómeno da alelopatia é igualmente importante no contexto da existência de coevolução. Legrand et al. (2003) observaram que os efeitos alelopáticos podem ser generalizados nos meios aquáticos. A alelopatia pode causar a sucessão do fitoplâncton e uma vantagem competitiva sobre outras espécies. Este facto pode ter implicações evolutivas porque pode favorecer espécies selecionadas através da produção e libertação de compostos alelopáticos activos no ambiente circundante (Hairston et al., 2001). Além disso, a tolerância de algumas espécies e os diferentes efeitos dos compostos alelopáticos nos organismos-alvo confirmam a existência de coevolução no ambiente (Fistarol et al., 2003, 2004a; Suikkanen et al., 2004). Pensa-se que algumas espécies-alvo podem adaptar-se à presença de alguns compostos alelopáticos, mas num sistema altamente complexo com múltiplas espécies, a sua sensibilidade aos compostos alelopáticos pode aumentar. Este facto deveria dar vantagem às espécies dadoras. No entanto, os custos associados à produção destes compostos fazem com que essa vantagem nem sempre seja óbvia (Legrand et al., 2003; Leflaive e Ten-Hage, 2007). Há relatos em que os autores apontam para a existência de coevolução entre os organismos dadores e os organismos alvo. Estes estudos mostraram que os compostos alelopáticos secretados por *S. costatum* e *Heterosigma akashiwo* podem favorecer a sua vantagem competitiva sobre outros organismos (Yamasaki et al., 2007). Além disso, Fistarol et al. (2004b) demonstraram uma estratégia comportamental de organismos-alvo que eles usaram como mecanismo de defesa contra a presença de aleloquímicos no ambiente. A tolerância de alguns organismos-alvo aos compostos alelopáticos é particularmente importante quando as espécies ocorrem em conjunto no mesmo ecossistema. Alguns relatos da literatura também indicam a coevolução entre microrganismos e animais coexistentes. Um exemplo é a imunidade fisiológica do crustáceo de água doce *Daphnia magna* a compostos alelopáticos segregados por cianobactérias (Kurmayer e Juttner, 1999). Em alguns casos, a coevolução explica as interações quando dois organismos são capazes de produzir compostos alelopáticos que actuam apenas no organismo selecionado (Kearns e Hunter, 2001; Vardi et al., 2002). Consequentemente, as interações alelopáticas podem contribuir para alterações na estrutura do fitoplâncton no ecossistema aquático (Suikkanen, 2008).

Como indicado anteriormente, muitos estudos examinaram que a alelopatia pode ser um fator importante na formação de florescências de cianobactérias e microalgas em muitos habitats de água doce, salobra e marinha. O fenómeno da proliferação de algas nocivas nas últimas décadas aumentou significativamente no mundo, e este problema ocorre tanto em ecossistemas de água doce como marinhos (Anderson et al., 2012; Dutkiewicz et al., 2015). O aparecimento em massa de espécies selecionadas de fitoplâncton procariótico e eucariótico contribui para o surgimento de muitos problemas ecológicos e económicos. Estes problemas estão principalmente relacionados com a deterioração da qualidade da água, o aumento da morbilidade e da mortalidade de organismos vegetais e animais, incluindo perdas humanas e financeiras associadas à pesca e ao turismo recreativo (Skulberg, 2000; Allen et al., 2006; Graneli e Hansen, 2006; Anderson et al., 2012). Alguns destes blooms causam graves problemas ambientais, como os blooms de *Chrysochromulinapolylepis* na Escandinávia em 1988, que destruíram a flora e a fauna em mais de 75 000 km^2 (Maestrini e Graneli, 1991; Graneli e Hansen, 2006). As consequências negativas da formação de florescências maciças de cianobactérias e microalgas tornam necessária uma investigação mais aprofundada sobre este fenómeno.

Em alguns casos, os autores descrevem em pormenor a formação de blooms de cianobactérias devido à produção de compostos alelopáticos (Kearns e Hunter, 2001; Vardi et al., 2002; Figuered o et al., 2007; Antunes et al., 2012). Keating (1977, 1978) observou pela primeira vez que os efeitos alelopáticos podem contribuir para a dominância de cianobactérias no lago de água doce. Para além disso, verificou-se frequentemente uma correlação negativa entre a abundância de diatomáceas e a presença de cianobactérias. Este resultado foi descrito por Lafforgue et al. (1995) que referiram que a baixa biomassa de *Fragilaria crotonensis* no lago Aydat em 1984 era o efeito da inibição do crescimento provavelmente por metabolitos extracelulares produzidos por *Anabaena* sp. No lago eutrófico do Japão (Takamo et al., 2003), verificou-se que *Phormidium tenue* inibia as diatomáceas através da produção de compostos alelopáticos. Além disso, durante a proliferação de cianobactérias no lago situado na fronteira entre a Áustria e a Hungria em 1985, registou-se uma rápida inibição do crescimento de muitas outras espécies de fitoplâncton (Gatz, 1990). Foram efectuadas observações semelhantes no Danúbio, na Áustria, onde as cianobactérias eram predominantes (Schlegel et al., 1999). O efeito dos metabolitos produzidos pela cianobactéria de água doce *Scytonema hofmanni* UTEX 1581 no crescimento de outras cianobactérias e algas verdes foi amplamente estudado por Mason et al. (1982).

Os autores sugeriram que a produção de compostos bioactivos por espécies de crescimento lento, como a *Scytonema* sp., é uma estratégia de defesa contra o domínio de outros organismos capazes de crescimento rápido (Smith e Doan, 1999). Assim, os efeitos alelopáticos das cianobactérias podem ter um impacto significativo na sucessão do fitoplâncton, o que explica a sua frequente dominância em muitos ambientes aquáticos (Schagerl et al., 2002).

Foi também referido que outras espécies de fitoplâncton: *P. parvum* e *C. polylepis* são capazes de produzir aleloquímicos, o que faz com que estas espécies sejam responsáveis por florescimentos maciços em muitos ecossistemas aquáticos em todo o mundo (Edvardsen e Paasche, 1998). Os blooms de *P. parvum* desenvolvem-se em águas costeiras e salobras e são geralmente monoespecíficos, o que sugere um mecanismo que impede que outras espécies de fitoplâncton coexistentes dominem no mesmo reservatório.

Além disso, a dominância *de P. parvum* não pode ser explicada apenas pela rápida taxa de crescimento (Larsen e Bryant, 1998). Assim, a ausência total de espécies co-ocorrentes durante a floração aponta para a elevada capacidade de *P. parvum* para produzir compostos activos alelopáticos.

O facto de *P. parvum* apresentar metabolitos biologicamente activos contra diatomáceas e cianobactérias coexistentes indica que a secreção destes compostos alelopáticos lhe confere uma vantagem competitiva (Fistarol et al., 2003). Além disso, outros estudos mostram claramente que algumas espécies são capazes de criar florescimentos maciços através da produção de compostos alelopáticos que eliminam os seus potenciais concorrentes e predadores (Graneli et al., 2008a). Verificou-se também que os dinoflagelados de água doce *Peridinium aciculiferum* compensaram o seu grande tamanho e taxa de crescimento lento através da produção de compostos alelopáticos (Rengefors e Legrand, 2001).

Alguns autores acreditam que a lise das células alvo provoca a libertação de nutrientes que podem ser utilizados para o crescimento de organismos dadores selecionados (Leflaive e Ten-Hage, 2007). Assim, as espécies capazes de produzir compostos alelopáticos podem obter vantagens competitivas significativas e podem explicar a sucessão de espécies em ambientes aquáticos (Wolfe, 2000).

7. Aplicações para aleloquímicos de cianobactérias

Em 1959, Gottfried Fraenkel, no seu trabalho "The Raison D'Etre of Secondary Plant Substances", descreveu pela primeira vez que os compostos segregados pelas plantas podiam ter amplas aplicações práticas (Fraenkel, 1959). Alguns anos mais tarde, Ehrlich e Raven (1964) sugeriram que os metabolitos secundários poderiam proteger os organismos vegetais de herbívoros ou outros predadores. Ao longo das cinco décadas seguintes de investigação, os cientistas descreveram os efeitos alelopáticos das cianobactérias sobre outras plantas, insectos e invertebrados no contexto da sua potencial utilização na agricultura, medicina e indústria farmacêutica (Thajuddin e Subramanian, 2005; Berry et al., 2008; Berry, 2011).

As cianobactérias, que surgiram no nosso planeta há cerca de 3,5 mil milhões de anos, desenvolveram a capacidade de produzir e segregar muitos metabolitos biologicamente activos (Whitton e Potts, 2012). As cianobactérias são uma das fontes mais ricas de compostos que podem ser utilizados na medicina e na indústria farmacêutica (Dunlap et al., 2007; Berry et al., 2008; Gademann e Portmann, 2008; Berry, 2011). Os metabolitos de cianobactérias exibem propriedades interessantes que inibem a atividade viral, bacteriana, fúngica e até antitumoral e imunossupressora e, por isso, podem ser inestimáveis nas ciências biomédicas (Tab. 6).

Tab. 6. Exemplos de compostos alelopáticos de cianobactérias com potencial utilização na agricultura, medicina e indústria farmacêutica.

Donor organisms	Effect	References
Arthrospira (Spirulina) platensis	antiviral activity (HIV types 1 and 3, herpes simplex, influenza type A, polio)	(Głowacka et al., 2007)
Dichothrix baueriana	antiviral activity (herpes simplex type 2)	(Larsen et al., 1994)
Fischerella muscicola	fungicides	(Hagmann and Jüttner, 1996)
Lyngbya lagerheimii	antiviral activity (HIV type 1)	(Gustafson et al., 1989)
Lyngbya sp.	antitumor activity	(Simmons et al., 2005)
Nostoc sp.	cholinesterase inhibitor (Alzheimer's disease)	(Blom et al., 2006)
Oscillatoria agardhii	larvicide activity	(Harada et al., 2000)
Phormidium tenue	antiviral activity (HIV type 1)	(Gustafson et al., 1989)

Phormidium sp.	fungicides (candidiasis-oral thrush)	(Garima et al., 2013)
Pseudoanabaena sp.	antimicrobial activity (*E. coli*, *Salmonella* sp. and *S. aureus*)	(Glowacka et al., 2007)
Scytonema ocellatum	fungicides	(Patterson and Bolis, 1995)
Symploca hydnoides	antiparasitic activity (malaria, Chagas disease, leishmaniosis)	(Linington et al., 2008)
Westiellopsis sp.	larvicide activity (dengue fever, malaria, meningitis)	(Rao et al., 1999)

Gustafson et al. (1989) descreveram que os compostos produzidos por duas cianobactérias marinhas *Lyngbya lagerheimii* e *Phormidium tenue* apresentam atividade contra o vírus HIV tipo 1. *A Arthrospira (Spirulina) platensis* mostrou a capacidade de inibir o VIH tipos 1 e 3, o herpes simplex, a gripe tipo A e a poliomielite (Glowacka et al., 2007). Em contrapartida, os alcalóides indólicos isolados da cianobactéria terrestre *Dichotrix baueriana* são capazes de matar o vírus do herpes simplex tipo 2 (Larsen et al., 1994). Por outro lado, a atividade antimicrobiana de compostos produzidos pela cianobactéria bentónica *Pseudanabaena* sp. foi testada contra microrganismos patogénicos humanos. Os extractos celulares desta cianobactéria inibem o crescimento das bactérias *E. coli, Salmonella* sp. e *S. aureus* (Glowacka et al., 2007). A natureza antifúngica foi observada entre outras cianobactérias dos géneros *Fischerella, Phormidium* e *Scytonema* (Patterson e Bolis, 1995; Hagmann e Juttner, 1996; Garima et al., 2013). Outro composto, a simplocamida A isolada da cianobactéria *Symploca hydnoides*, apresenta atividade contra *P. falciparum*, causador da malária, *Trypanasoma cruzi*, causador da doença de Chagas, e *Leishmania donovani*, responsável pela leishmaniose (Linington et al., 2008). Foi também demonstrado que o alcaloide nostocarbolina isolado da cianobactéria de água doce *Nostoc* 78-12A é um potencial inibidor da colinesterase responsável pela doença de Alzheimer (Blom et al., 2006). Além disso, a curacin A sintética obtida de *Lyngbya* sp. foi utilizada como um composto com atividade antitumoral e foi testada em ensaios clínicos (Simmons et al., 2005).

Os metabolitos das cianobactérias podem também ser utilizados como herbicidas e insecticidas (Ishibashi et al., 2005; Berry et al., 2008). Estima-se que os Estados Unidos gastam mais de alguns milhares de milhões de dólares por ano na utilização comercial de herbicidas e insecticidas (Peng et al., 2003). Por conseguinte, nas últimas décadas, os cientistas têm-se concentrado em examinar o papel dos compostos alelopáticos como controlo biológico de pragas (Farooq et al., 2011; Albuquerque et al., 2011; Sodaeizadeh e Hosseini, 2012). Os organismos capazes de produzir compostos alelopáticos são, portanto, uma fonte potencial de soluções alternativas e tornam-se uma nova estratégia na agricultura. Além disso, nos últimos anos, tem sido dada atenção à utilização de aleloquímicos de cianobactérias como um composto natural utilizado para controlar as larvas de mosquitos (Nassar et al., 1999; Harada et al., 2000). Os dados da literatura indicam que as doenças combinadas transmitidas por mosquitos (por exemplo, malária, febre amarela, dengue, várias formas de meningite, vírus da febre do Nilo Ocidental) matam milhões de pessoas em todo o mundo e tornam-se um problema cada vez mais grave (Gubler et al. in., 1998). As cianobactérias são frequentemente a principal fonte de alimento na dieta das larvas dos mosquitos (Sangthongpitag et al., 1996; Vazquez-Martinez et al., 2002). As cianobactérias são capazes de produzir compostos alelopáticos que inibem o crescimento de predadores, pelo que se sugere que a produção de tais compostos por cianobactérias de água doce pode constituir uma fonte potencial de proteção contra os mosquitos. Rao et al. (1999) observaram que o extrato metanólico da cianobactéria *Westiellopsis* sp. é um larvicida para *A. aegypti* (que causa dengue), *Anopheles stephensi* (causa malária) e *Culex tritaeniorhyncus* e *Culex quinquefaciatus* (causa meningite). Além disso, Harada et al. (2000) caracterizaram uma mistura de ácidos gordos da estirpe de cianobactérias *Oscillatoria agardhii*, que inibem o crescimento de larvas *de Aedes albopictus*, estreitamente relacionadas com o *A. aegypti*. Esta descoberta é particularmente notável porque os compostos identificados pertencentes aos ácidos gordos são inócuos para o organismo humano (Berry et al., 2008).

Tornou-se claro que muitos metabolitos secundários de cianobactérias podem ter potencial comercial. Infelizmente, muito poucos destes compostos estão prontos a ser utilizados em preparações e medicamentos que possam ser adquiridos para fins comerciais. A utilização futura de compostos alelopáticos produzidos por cianobactérias deve centrar-se na produção de novos produtos, especialmente medicamentos no contexto do combate a doenças bacterianas, fúngicas, virais e cancerígenas (Knutsen e Hansen, 1997; Tan, 2007).

Acredita-se também que a comercialização destes compostos activos, como biocidas (algicidas, herbicidas e insecticidas), pode ser mais benéfica do que os produtos químicos sintéticos normalmente utilizados (Rastogi e Sinha, 2009). Além disso, o isolamento e a análise de novos compostos alelopáticos produzidos por cianobactérias podem ser de grande importância para o biodiesel e outras aplicações industriais (Thajuddin e Subramanian, 2005; Mendes e Vermelho, 2013). No entanto, um organismo é capaz de produzir apenas um número limitado de metabólitos secundários e, portanto, a aquisição de novos medicamentos e compostos biologicamente ativos requer o exame de novas espécies de cianobactérias para fins de alelopatia para obter compostos naturais que eram anteriormente desconhecidos (Skulberg, 2000; Leao et al., 2012; Mazur-Marzec et al., 2015). Por outro lado, existe a preocupação de que os metabolitos das cianobactérias possam também ter um efeito negativo nos ecossistemas e na saúde humana. Por conseguinte, é importante que, antes da introdução de compostos alelopáticos no mercado e nas lojas, os cientistas identifiquem primeiro o seu efeito nos organismos-alvo em condições laboratoriais controladas.

8. Referências

Adolf J.E., Bachvaroff T.R., Krupatkina D.N., Nonogaki H., Brown P.J.P., Lewitus A.J., Place A.R. 2006. Especificidade das espécies e papéis potenciais da toxina *de Karlodinium micrum*. Jornal Africano de Ciências Marinhas 28: 415-419.

Akehurst S.C. 1931. Observations on pond life, with special reference to the possible causation of swarming of phytoplankton. Jornal da Sociedade Real de Microscopia 9: 148.

Albuquerque M.B., Santos R.C., Ima L.M., Filho P.A.M., Nogueira R.J.M.C., Camara C.A.G., Ramos A.R. 2011. Alelopatia, uma ferramenta alternativa para melhorar os sistemas de cultivo. Uma revisão. Agronomia para o Desenvolvimento Sustentável 31: 379-395.

Allen J.I., Anderson D., Burford M., Dyhrman S., Flynn K., Glibert P.M., Graneli E., Heil C., Sellner K., Smayda T., Zhou M. 2006. Global ecology and oceanography of harmful algal blooms, harmful algal blooms in eutrophic systems. In: Glibert P. (ed.). GEOHAB report 4, IOC e SCOR, França e Baltimore, MD, EUA, pp. 1-74.

Amato A., Orsini L., D'Alelio D., Montresor M. 2005. Ciclo de vida, padrões de redução de tamanho e ultra-estrutura da diatomácea planctónica pinada *Pseudo-nitzschia delicatissima* (Bacillariophyceae). Journal of Phycology 41: 542-56.

Ame M.V., Diaz M., Wunderline D.A. 2003. Ocorrência de florações de cianobactérias tóxicas no reservatório de San Roque (Córdoba, Argentina): um estudo de campo e quimiométrico. Toxicologia Ambiental 18: 192-198.

Anderson D.M., Glibert P.M., Burkholder J.M. 2002. Harmful algal blooms and eutrophication: nutrient sources, composition and consequences (Proliferação de algas nocivas e eutrofização: fontes de nutrientes, composição e consequências). Estuaries 25: 704726.

Anderson D.M., Cembella A.D., Hallegraeff G.M. 2012. Progresso na compreensão da proliferação de algas nocivas: mudanças de paradigma e novas tecnologias para investigação, monitorização e gestão. Revisão anual das ciências marinhas 4: 143-176.

Antunes J.T., Leao P.N., Vasconcelos V.M. 2012. Influência de Fatores Bióticos e Abióticos na Atividade Alelopática da *Cianobactéria Cylindrospermopsis raciborskii* Strain LEGE 99043. Microbial Ecology 64: 584-592.

Aro E.M., Virgin I., Andersson B. 1993. Fotoinibição do fotossistema II. Inativação, danos proteicos e renovação. Biochimica et Biophysica Ata 1143: 113134.

Arzul G., Seguel M., Guzman L., Denn E.E. 1999. Comparação das propriedades alelopáticas de três espécies tóxicas *de Alexandrium*. Journal of Experimental Marine Biology and Ecology 232: 285-295.

Bagchi S.N. 1995. Estrutura e local de ação de um algicida de uma cianobactéria, *Oscillatoria late-virens.* Journal of Plant Physiology 146: 372-374.

Bagchi S.N., Palod A., Chauhan V.S. 1990. Algicidal properties of a bloom-forming blue-green-alga, *Oscillatoria* sp. Journal of Basic Microbiology 30: 21-29.

Bagchi S.N., Chauhan V.S, Marwaii J.B. 1993. Efeito de um antibiótico de *Oscillatoria late-virens* no crescimento, fotossíntese e toxicidade de *Microcystis aeruginosa.* Current Microbiology 26: 223-228.

Barreiro A., Hairston Jr N.G. 2013. A influência da limitação de recursos no efeito alelopático de *Chlamydomonas reinhardtii* sobre outros organismos planctónicos unicelulares de água doce. Journal of Plankton Research 35: 1339-1344.

Barreiro A., Vasconcelos V.M. 2014. Interações entre propriedades alelopáticas e cinética de crescimento em quatro espécies de fitoplâncton de água doce estudadas por simulações de modelos. Aquatic Ecology 48: 191-205.

Barreiro A., Roy S., Vasconcelos V.M. 2017. A alelopatia evita a exclusão competitiva e promove a biodiversidade do fitoplâncton. Oikos, doi:10.1111/oik.04046.

Becher P.G., Beuchat J., Gademann K., Juttner F. 2005. Nostocarbolina: Isolamento e síntese de um novo inibidor de colinesterase de *Nostoc* 78-12A. Jornal de Produtos Naturais 68: 1793-1795.

Berger C., Ba N., Gugger M., Bouvy M., Rusconi F., Coute A., Troussellier M., Bernard C. 2006. Dinâmica sazonal e toxicidade de Cylindrospermopsis raciborskii no Lago Guiers (Senegal, África Ocidental). FEMS Microbiologia Ecologia 57: 355-366.

Berman F.W., Gerwick W.H., Murray T.F. 1999. A antilatoxina e a calcitoxina, ictiotoxinas da cianobactéria tropical *Lyngbya majuscula,* induzem padrões temporais distintos de neurotoxicidade mediada pelo recetor NMDA. Toxicon 37: 16451648.

Berry J. 2011. Microalgas marinhas e de água doce como fonte potencial de novos herbicidas. Em Herbicides and Environment. Editado por Kortekamp A. Croácia: In tech: 705-734.

Berry J.P., Gantar M., Perez M.H., Berry G., Noriega F.G. 2008. Toxinas de cianobactérias como aleloquímicos com aplicações potenciais como algicidas, herbicidas e insecticidas. Marine Drugs 15: 117-146.

Blom J.F., Brutsch T., Barbaras D., Bethuel Y., Locher H.H., Hubschwerlen C., Gademann K. 2006. Algicidas potentes baseados no alcaloide cianobacteriano nostocarbolina. Organic Letters 8: 737-740.

Bloor S., England R.R. 1991. Elucidação e otimização dos constituintes do meio que controlam a produção de antibióticos pela cianobactéria *Nostoc muscorum.* Enzyme and Microbial Technology 13: 76-81.

Boger P., Sandmann G. 1993. Biossíntese de pigmentos e interação com herbicidas. Photosynthetica 28: 481-493.

Bolch C.J.S., Blackburn S.I., Jones G.J., Orr P.T., Grewe P.M. 1997. Conteúdo e distribuição de plasmídeos no género de cianobactérias tóxicas *Microcystis* Kutzing ex Lemmermann (Cyanobacteria: Chroococcales). Phycologia 36: 6-11.

Boyer G.L., Sullivan J.J., Andersen R.J., Harrison P.J., Taylor F.J.R. 1987. Effects of nutrient limitation on toxin production and composition in the marine dinoflagellate *Protogonyaulax tamarensis*. Biologia Marinha 96: 123-128.

Burja A.M., Banaigs B., Abou-Mansour E., Burgess J.G., Wright P.C. 2001. Cianobactérias marinhas - uma fonte prolífica de produtos naturais. Tetrahedron 57: 9347-9377.

Campbell D., Hurry V., Clarke A.K., Gustafsson P., Oquist G. 1998. Chlorophyll fluorescence analysis of cyanobacterial photosynthesis and acclimation (Análise da fluorescência da clorofila na fotossíntese e aclimatação de cianobactérias). Microbiology and Molecular Biology Reviews 62: 667-683.

Cannell R.J.P., Kellan S.J., Owsianka A.M., Walker J.M. 1987. Microalgas e cianobactérias como fonte de inibidores de glucosidase. Journal of General Microbiology 133: 1701-1705.

Casanova M.T., Burch M.D., Brock M.A., Bond P.M. 1999. *A Microcystis aeruginosa* tóxica afecta o estabelecimento de plantas aquáticas? Toxicologia Ambiental 14: 97109.

Chan A.T., Andersen R.J., Le Blanc M.J., Harrison P.J. 1980. Algal plating as a tool for investigating allelopathy among marine microalgae. Biologia Marinha 59: 7-13.

Chauhan V.S., Marwah J.B., Bagchi S.N. 1992. Effect of an antibiotic from *Oscillatoria* sp. on phytoplankters higher plants and mice. New Phytologist 120: 251257.

Chetsumon A., Maeda I., Umeda F., Yagi K., Miura Y., Mizoguchi T. 1994. Produção de antibióticos pela cianobactéria imobilizada, *Scytonema* sp.TISTR 8208, num fotobiorreactor do tipo alga marinha. Journal of Applied Phycology 6: 539-543.

Chiang I.Z., Huang W.Y., Wu J.T. 2004. Aleloquímicos de *Botryococcus braunii* (Chlorophyceae). Journal of Phycology 40: 474-480.

Chorus I., Bartram J. 1999. Toxic cyanobacteria in water: a guide to their public health consequences, monitoring and management. OMS, E & FN, Spon, Londres, Reino Unido.

Christoffersen K., Lyck S., Winding A. 2002. Atividade microbiana e estrutura da comunidade bacteriana durante a degradação de microcistinas. Aquatic Microbial Ecology 27: 125-136.

Cloern, J.E. 2001. Our evolving concetual model of the coastal eutrophication problem (O nosso modelo concetual em evolução do problema da eutrofização costeira). Marine Ecology Progress Series 210: 223-253.

Codd G.A. 1995. Cyanobacterial toxins: occurrence, properties and biological significance. Ciência e Tecnologia da Água 32: 149-156.

Codd G.A., Morrison L.F., Metcalf J.S. 2005. Cyanobacterial toxins: risk management for health protection. Toxicologia e Farmacologia Aplicada 203: 264272.

Cole J.J. 1982. Interações entre bactérias e algas em ecossistemas aquáticos. Revisão Anual de Ecologia e Sistemática 13: 291-314.

Conley D.J., Johnstone R.W. 1995. Biogeoquímica de N, P e Si nos sedimentos do Mar Báltico: resposta a uma deposição simulada de um florescimento de diatomáceas na primavera. Marine Ecology Progress Series 122: 265-276.

Dakshini K.M.M. 1994. Algal allelopathy. The Botanical Review 60: 182-196.

Demming B., Bjorkman O. 1987. Comparação do efeito da luz excessiva na fluorescência da clorofila e no rendimento de fotões de O_2 evolução em folhas de plantas superiores. Planta 171: 171-184.

Dias F., Antunes J.T., Ribeiro T., Azevedo J., Vasconcelos V., Leao P.N. 2017. Os aleloquímicos de cianobactérias, mas não as células de cianobactérias, reduzem acentuadamente a diversidade da comunidade microbiana. Frontiers in Microbiology 8: 1495.

Doan N.T., Rickards R.W., Rothschild J.M., Smith G.D. 2000. Allelopathic Actions of the Alkaloid 12-Epi-Hapalindole E Isonitrile and Calothrixin A from Cyanobacteria of the Genera *Fischerella* and *Calothrix*. Jornal de Ficologia Aplicada 12: 409-416

Doan N.T., Stewart P.R., Smith G.D. 2001. Inhibition of Bacterial RNA Polymerase by the Cyanobacterial Metabolites 12-Epi-Hapalindole E Isonitrile and Calothrixin A. FEMS Microbiology Letters 196: 135-139.

Domingos P., Rubim T.K., Molica R.J.R., Azevedo S.M.F.O., Carmichael W.W. 1999. Primeiro relato da produção de microcistina por cianobactérias picoplanctônicas isoladas de uma fonte de água potável do Nordeste brasileiro. Toxicologia Ambiental 14: 3135.

Dutkiewicz S., Morris J.J., Follows M.J., Scott J., Levitan O., Dyhrman S.T., Berman-Frank I. 2015. Impacto da acidificação dos oceanos na estrutura das futuras comunidades de fitoplâncton. Nature Climate Change 5: 1002-1006.

Duke S.O., Scheffler B.E., Dayan F.E. 2001. Os aleloquímicos como herbicidas. In: Reigosa M.J., Bonjoch N.P. (eds.). Physiological Aspects of Allelopathy, First European OECD Allelopathy Symposium, Vigo, Espanha, pp. 47-59.

Dunlap W.C., Battershill C.N., Liptrot C.H., Cobb R.E., Bourne D.G., Jaspars M., Long P.F., Newman D.J. 2007. Biomedicinals from the phytosymbionts of marine invertebrates: a molecular approach. Methods 42: 358-376.

Dyble J., Tester P.A., Litaker R.W. 2006. Efeitos da intensidade da luz na produção de cilindrospermopsina na espécie de cianobactéria HAB *Cylindrospermopsis raciborskii.* Jornal Africano de Ciências Marinhas 28: 309-312.

Edvardsen B., Paasche E. 1998. Dinâmica da floração e fisiologia de *Prymnesium* e *Chrysochromulina.* In: Anderson D.M., Cembella A.D., Hallegraeff G.M. (eds.). Physiological Ecology of Harmful Algal Blooms, NATO ASI Series, vol. G41. Springer-Verlag, Berlim, Heidelberg, Alemanha, pp. 193-208.

Ehrlich P.R., Raven, P.H. 1964. Butterflies and Plants: A Study in Coevolution. Evolution 18: 586-608.

Engstrom-Ost J., Koski M., Schmidt K., Viitasalo M., Jonasdottir S.H., Kokkonen M., Repka S., Sivonen K. 2002. Effects of toxic cyanobacteria on a plankton assemblage: community development during decay of *Nodularia spumigena.* Marine Ecology Progress Series 232: 1-14.

Farooq M., Bran K., Cheema Z.A., Wahid A., Siddique K.H. 2011. O papel da alelopatia na gestão das pragas agrícolas. Pest Management Science 67: 493-506.

Fehling J., Green D.H., Davidson K., Bolch C.J., Bates S.S. 2004. Domoic acid production by *Pseudo-nitzschia seriata* (Bacillariophyceae) in Scottish waters. Journal of Phycology 40: 622-630.

Figueredo C.C., Giani A., Bird D.F. 2007. A alelopatia contribui para a ocorrência e expansão geográfica da floração de *Cylindrospermopsis raciborskii* (cianobactéria)? Journal of Phycology 43: 256-265.

Fistarol G.O., Legrand C., Graneli E. 2003. Efeito alelopático de *Prymnesium parvum* em uma comunidade natural de plâncton. Marine Ecology Progress Series. 255: 115125.

Fistarol G.O., Legrand C., Rengefors K., Graneli E. 2004a. Formação temporária de cistos no fitoplâncton: uma resposta aos concorrentes alelopáticos? Environmental Microbiology 6: 791-798.

Fistarol G.O., Legrand C., Selander E., Hummert C., Stolte W., Graneli E. 2004b. Alelopatia em *Alexandrium* spp.: efeito numa comunidade natural de plâncton e em monoculturas de algas. Aquatic Microbial Ecology 35: 45-56.

Fistarol G.O., Legrand C., Graneli E. 2005. Efeito alelopático numa espécie de fitoplâncton limitada por nutrientes. Aquatic Microbial Ecology 41: 153-161.

Flores E., Wolk C.P. 1986. Produção, por cianobactérias filamentosas fixadoras de azoto, de uma bacteriocina e de outros antibióticos que matam estirpes relacionadas. Arquivo de Microbiologia 145: 215-219.

Fraenkel G. 1959. Raison D'Etre of Secondary Plant Substances. Ciência 129: 14661470.

Gademann K., Portmann C. 2008. Metabolitos secundários de cianobactérias: estruturas complexas e bioactividades poderosas. Química Orgânica Atual 12: 32641.

Gantar M., Berry J.P., Thomas S., Wang M., Perez R., Rein K.S., King G. 2008. Atividade alelopática entre cianobactérias e microalgas isoladas de habitats de água doce da Flórida. FEMS Microbiology Letters 64: 55-64.

Garima A.C., Goyal P., Kaushik P. 2013. Triagem Antibacteriana e Anticandidal de Extratos Extracelulares e Intracelulares de Phormedium, uma Cianobactéria. Revista Internacional de Ciências Químicas e da Vida 2: 1107-1111.

Gatz N. 1990. Untersuchungen zur Stickstoff-und Phosphor-Versorgung von *Microcystis aeruginosa* Kutz. und *Microcystis flos-aquae* (Wittr.) Kirchn. im Neusiedlersee. na.

Gleason F.K. 1990. The natural herbicide, cyanobacterin, specifically disrupts thylakoid membrane structure in *Euglena gracilis* strains *Z*. FEMS Microbiology Letters 68: 77-82.

Gleason F.K., Paulson J.L. 1984. Local de ação do algicida natural, cianobacterina, na alga azul-verde, *Synechococcus* sp. Archives of Microbiology 138: 273-277.

Gleason F.K., Baxa C.A. 1986. Atividade do algicida natural, cianobacterina, em microrganismos eucarióticos. FEMS Microbiology Letters 33: 85-88.

Gleason F.K., Case D.E. 1986. Atividade do algicida natural, em angiospermas. Fisiologia Vegetal 80: 834-837.

Glowacka J., Waleron M., Szefel-Markowska M., Lojkowska E., Waleron K. 2007. Cyanobacteria - A source of biologically active compounds (em polaco). Biotechnologia 4: 95-112.

Graneli E., Johansson N. 2003a. Efeitos do haptofito tóxico *Prymnesium parvum* na sobrevivência e alimentação de um ciliado: a influência de diferentes condições de nutrientes. Marine Ecology Progress Series 254: 49-56.

Graneli E., Johansson N. 2003b. Aumento da produção de substâncias alelopáticas por células *de Prymnesium parvum* cultivadas em condições de deficiência de N ou P. Harmful Algae 2: 135-145.

Graneli E., Hansen P.J. 2006. Alelopatia em algas nocivas: um mecanismo para competir por recursos? In: Graneli E., Turner J. (eds.). Ecology of Harmful Algae, Series: Estudos Ecológicos 189: 189-201.

Graneli E., Salomon P.S., Fistarol G.O. 2008a. O papel da alelopatia na formação de florações de algas nocivas. In: Evangelista V., Barsanti L., Frassanito A., Passarelli V., Gualtieri P. (eds.). Algal Toxins: Nature, Occurrence, Effect and Detection. NATO Science for Peace and Security Series A: Chemistry and Biology, Springer, Países Baixos: pp. 159-178.

Graneli E., Weberg M, Salomon P.S. 2008b. Florescência de algas nocivas de espécies de microalgas alelopáticas: O papel da eutrofização. Harmful Algae 8: 94-102.

Gregor J., Jancula D., Marsalek B. 2008. Ensaios de crescimento com culturas mistas de cianobactérias e algas avaliadas por fluorescência in vivo: Um passo mais próximo dos ecossistemas reais? Chemosphere 70: 1873-1878.

Griffiths D.J., Saker M.L. 2003. A doença misteriosa da ilha Palm 20 anos depois: uma revisão da investigação sobre a cianotoxina cilindrospermopsina. Environmental Toxicology 18: 78-93.

Gromov B.V., Vepritskiy A.A., Titova N.N., Mamkayeva K.A., Alexandrova O.V. 1991. Produção do antibiótico cianobacterina Lu-1 por *Nostoc linckia* CALU 892 (cianobactéria). Journal of Applied Phycology 3: 55-59.

Gross E.M. 2003. Alelopatia de autótrofos aquáticos. Critical Reviews in Plant Sciences 22: 313-339.

Gross E.M., Wolk C. P., Juttner F. 1991. Fischerellin, um novo aleloquímico da cianobactéria de água doce *Fischerella muscicola.* Journal of Phycology 27: 686-692.

Gubler D.J. 1998. Resurgent Vetor-Borne Diseases as a Global Health Problem. Emerging Infectious Diseases 4: 442-450.

Gustafson K.R., Cardellina II J.H., Fuller R.W., Weislow O.S., Kiser R.F., Snader K.M., Patterson G.M.L., Boyd M.R. 1989. Sulfolípidos antivirais da SIDA de cianobactérias (algas azuis-verdes). Journal of the National Cancer Institute 81: 12541258.

Hagmann L., Juttner F. 1996. Fischerellin A, um novo aleloquímico inibidor do fotossistema II da cianobactéria *Fischerella muscicola* com atividade antifúngica e herbicida. Tetrahedron Letters 37: 6539-6542.

Hairston N.G., Holtmeier C.L., Lampert W., Weider L.J., Post D.M., Fischer J.M., Caceres C.E., Fox J.A., Gaedke U. 2001. Seleção natural para a resistência dos pastores a cianobactérias tóxicas: evolução da plasticidade fenotípica? Evolution 55: 2203-2214.

Harada K.I., Suomalainen M., Uchida H., Masul H., Ohmura K., Kiviranta J., Niku-Paavola M.L., Ikemoto T. 2000. Compostos insecticidas contra larvas de mosquito da estirpe 27 de *Oscillatoria agardhii*. Toxicologia Ambiental 15: 114-119.

Harder R. 1917. Ernahmngsphysologische untersuchungen an cyanophycean, haptschlich dem endophytischen *Nostoc punctiforme*. Zeit Botany 9: 154-242.

Harris D.O. 1971a. Inibidores de crescimento produzidos pelas algas verdes (Volvocaceae). Arquivos de Microbiologia 76: 46-50.

Harris D.O. 1971b. Um sistema modelo para o estudo de inibidores de crescimento de algas. Archives Protistenk 113: 230-234.

Harris D.O. 1974. Possível modo de ação de um inibidor fotossintético produzido por *Pandorina morum*. Archives of Microbiology 95: 193-204.

Healey F.P. 1973. Absorção e deficiência de nutrientes inorgânicos em algas. Critical Reviews in Microbiology 3: 69-113.

Hirata K., Nakagami H., Takashimi J., Muhmud T., Kobayashi M., In Y., Ishida T., Miyamoto K. 1996. Novo pigmento violeta, nostocina, A, um metabolito extracelular da cianobactéria *Nostoc spongiaeforme*. Heterocycles 43: 1513-1519.

Hirata K., Yoshitomi S., Dwi S., Iwabe O., Mahakhant A., Polchai J., Miyamoto K. 2003. Bioactivities of Nostocine A Produced by a Freshwater Cyanobacterium *Nostoc spongiaforme* TISTR 8169. Journal of Bioscience and Bioengineering 95: 512-517.

Honkanan R.E., Codispoti B.A., Tse K., Boynton A.L. 1994. Caracterização de toxinas naturais com atividade inibitória contra proteínas fosfatases de serina/treonina. Toxicon 32: 339-350.

Hu Z.Q., Liu Y.D., Li D.H. 2004. Physiological and Biochemical Analyses of Microcystin-RR Toxicity to the Cyanobacterium *Synechococcus elongates*. Toxicologia Ambiental 19: 571-577.

Ianora A., Boersma M., Casotti R., Fontana A., Harder J., Hoffmann F., Pavia H., Potin P., Poulet S.A., Toth G. 2006. O ensaio de síntese de H. T. odum. Novas tendências na ecologia química marinha. Estuários e Costas 29: 531-551.

Ianora A., Bentley M.G., Caldwell G.S., Casotti R., Cembella A.D., Engstrom-Ost J., Vaiciute D. 2011. A relevância da ecologia química marinha para o plâncton e a função do ecossistema: Um domínio emergente. Marine drugs 9: 1625-1648.

IAS. 1996. Primeiro congresso mundial sobre alelopatia. Uma ciência para o futuro. Acedido em 2007-10-30. http://www-ias.uca.es/ bylaws.htm#CONSTI.

Igarashi T., Satake M., Yasumoto T. 1999. Estruturas e atribuições estereoquímicas parciais para prymnesin-1 e prymnesin-2: potentes glicosídeos hemolíticos e ictiotóxicos isolados da alga da maré vermelha *Prymnesium parvum*. Jornal da Sociedade Americana de Química 121: 8499-8511.

Ignatiades L., Smayda T.J. 1970. Estudos autológicos sobre a diatomácea marinha *Rhizosolenia fragilissima* Bergon. I. A influência da luz, temperatura e salinidade. Journal of Phycology 6: 332-339.

Ilori O.J., Ilori O.O. 2012. Aleloquímicos: tipos, actividades e utilização no controlo de pragas. Jornal de Ciência e Educação Científica, Ondo 3: 106-110.

Inderjit, Dakshini K.M.M. 1994. Algal Allelopathy. The Botanical Review 60: 182197.

Inderjit, del Moral R. 1997. É realista separar a competição de recursos da alelopatia? Botanical Review 63: 221-230.

Ishibashi F., Park S., Kusano T., Kuwano K. 2005. Síntese e atividade algicida da (+)-cianobacterina e do seu estereoisómero. Biociência, Biotecnologia e Bioquímica 69: 331-96.

Issa A.A. 1999. Produção de antibióticos pelas cianobactérias *Oscillatoria angustissima* e *Calothrixparietina.* Toxicologia e Farmacologia Ambiental 8: 33-37.

Jakubowska N., Szelqg-Wasilewska E. 2015. Cianobactérias Picoplanctónicas Tóxicas - Revisão. Marine Drugs 13: 1497-1518.

Ji X.Q., Han X.T., Zheng L., Yu Z.M., Yang B.J., Zou J.Z. 2011. Interações alelopáticas entre *Prorocentrum micans* e *Skeletonema costatum* ou *Karenia mikimotoi* em culturas de laboratório. Jornal Chinês de Oceanologia e Limnologia 29: 840-848.

Jodlowska S., Sliwinska S. 2014. Efeitos da intensidade da luz e da temperatura nas curvas de resposta à irradiância da fotossíntese e na fluorescência da clorofila de três estirpes de *Synechococcus* picocyanobacterial (Cyanobacteria, Synechococcales). Photosynthetica 52.

Jones A.C., Gu L., Sorrels C.M., Sherman D.H., Gerwick W.H. 2009. Novos truques de algas antigas: biossíntese de produtos naturais em cianobactérias marinhas. Current Chemical Biology Opinion in 13: 216-223.

Juttner F. 1997. Nostocyclamide, um agente de dissociação tóxico de *Nostoc*. Resumos, IX Int. Symp. Phototrophic Prokaryotes. Viena, Áustria, 6-13 de setembro. p. 40.

Juttner F. 1999. Controlo aleloquímico de biofilmes fotoautotróficos naturais. In: Keevil C.W., Godfree A., Holt D., Dow C. (eds.). Biofilms in the Aquatic Environment, Royal Society of Chemistry, Cambndge, pp. 43-50.

Juttner F., Wu J.T. 2000. Evidência de atividade aleloquímica em biofilmes de cianobactérias subtropicais de Taiwan. Archiv fur Hydrobiologie 147: 505-517.

Juttner F., Todorova A.K., Walch N., von Philipsborn W. 2001. Nostocyclamide M: Um péptido cíclico cianobacteriano com atividade alelopática de *Nostoc* 31. Phytochemistry 57: 613-619.

Kearns K.D., Hunter M.D. 2000. Os produtos extracelulares de algas verdes regulam a produção de toxinas antialgas numa cianobactéria. Environmental Microbiology 2: 291-297.

Kearns K.D., Hunter M.D. 2001. *A Anabaena flos-aquae*, produtora de toxinas, induz a colonização de *Chlamydomonas reinhardii,* uma alga móvel concorrente. Microbial Ecology 42: 80-86.

Keating K.I. 1977. Allelopathic Influence on Blue-Green Bloom Sequence in a Eutrophic Lake (Influência alelopática na sequência de florescimento verde-azulado num lago eutrófico). Ciência 196: 885-887.

Keating K.I. 1978. Blue-green algal inhibition of diatom growth: transition from mesotrophic to eutrophic community structure. Ciência 199: 971-973.

Knutsen G., Hansen K. 1997. Pesquisa de substâncias bioactivas a partir de microalgas e cianobactérias marinhas. In: Le Gal Y., Muller-Feuga A. (eds.). Marine microorganisms for industry. Edições Ifremer, Plouzane, 169-178.

Kohl J.G., Nicklish A. 1981. Chromatic adaptation of the planktonic blue-green alga *Oscillatoria redekei* van Goor and its ecological significance. Internationale Revue der gesamten Hydrobiologie und Hydrographie 66: 83-94.

Kolber Z.S, Zehr J., Falkowski P.G. 1988. Efeitos da irradiância de crescimento e da limitação de nitrogênio na conversão de energia fotossintética no fotossistema II. Fisiologia Vegetal 88: 72-79.

Korner S., Nicklisch A. 2002. Inibição alelopática do crescimento de espécies selecionadas de fitoplâncton por macrófitas submersas. Journal of Phycology 38: 862871.

Kruger T., Holzel N., Luckas B. 2012. Influência dos parâmetros de cultivo no crescimento e na produção de microcistina de *Microcystis aeruginosa* (Cyanophyceae) isolada do Lago Chao (China). Microbial Ecology 63: 199-209.

Kubanek J., Prince E., Hicks M.K., Naar J., Villareal T. 2005. O dinoflagelado da maré vermelha da Florida utiliza a alelopatia para competir com outros fitoplânctons? Limnology and Oceanography 50: 883-895.

Kuiper-Goodman T., Falconer I., Fitzgerald J. 1999. Human health aspects. Em Chorus I, Bartram J, editores. Toxic cyanobacteria in water: a guide to their public health consequences, monitoring, and management. London: E & FN Spoon. p 113153.

Kurmayer R. 2011. A cianobactéria tóxica Nostoc sp. estirpe 152 produz quantidades mais elevadas de microcistina e nostofina em condições de stress. Journal of Phycology 47: 200-207.

Kurmayer R., Juttner F. 1999. Estratégias para a coexistência do zooplâncton com a cianobactéria tóxica *Planktothrix rubescens* no Lago Zurique. Journal of Plankton Research 21: 659-683.

Kustenko N.G. 1975. Efeito de filtrados de meios de cultura nas algas *Skeletonema costatum* e *Thalassionema nitzschioides* no seu próprio crescimento. Fisiologia Vegetal Soviética 21: 1034-1037.

Lafforgue M., Szeligiewicz W., Devaux J, Poulin M. 1995. Mecanismos selectivos que controlam a sucessão de algas no lago Aydat. Ciência e Tecnologia da Água 32: 117127.

Lam C.W.Y., Silvester W.B. 1979. Interações de crescimento entre algas azuis-verdes *(Anabaena oscillarioides, Microcystis aeruginosa)* e verdes *(Chlorella* sp.). Hydrobiologia 63: 135-143.

Lang M., Lichtenhlter H.K., Sowinska M., Heisel F., Meihe J.A. 1996. Fluorescence imaging of water and temperature stress in plant leaves. Journal of Plant Physiology 148: 613-621.

Larsen A., Bryant S. 1998. Crescimento e toxicidade em *Prymnesium parvum* e *Prymnesium patelliferum* (Haptophyta) em resposta a alterações na salinidade, luz e temperatura. Sarsia 83: 409-418.

Larsen L.K., Moore R.E., Patterson G.M.L. 1994. Beta-carbolinas da alga verde-azulada *Dichothrix baueriana.* Journal of Natural Products 57: 419-421.

Laub J., Henriksen P., Brittain S.M. 2002. [ADMAdda (5)]-microcistinas em Planktothrix agardhii estirpe PH-123 (cianobactéria) - importância para a monitorização de microcistinas no ambiente. Toxicologia Ambiental 17: 351-357.

Leao P.N., Engene N., Antunes A., Gerwick W.H., Vasconcelos V. 2012. A ecologia química das cianobactérias. Natural Product Reports 29: 372-391.

Leflaive J., Ten-Hage L. 2007. Metabolitos secundários de algas e cianobactérias em águas doces: uma comparação de compostos alelopáticos e toxinas. Biologia de Água Doce 52: 199-214.

Lefevre M., Jakob H., Nisbet M. 1952. Auto- et heteroantagonismes chez les algues d'eau douce. Ann. Stat. Centr. HydrobioL Appl. 4: 5-198.

Legrand C., Rengefors K., Fistarol G.O., Graneli E. 2003. Alelopatia no fitoplâncton - aspectos bioquímicos, ecológicos e evolutivos. Phycologia 42: 406-419.

Lehtimaki J., Moisander P., Sivonen K., Kononen K. 1997. Crescimento, fixação de azoto e produção de nodularina por duas cianobactérias do Mar Báltico. Applied and Environmental Microbiology 63: 1647-1654.

Leu E., Krieger-Liszkay A., Goussias C., Gross E.M. 2002. Os aleloquímicos polifenólicos da angiosperma aquática Myriophyllum spicatum inibem o fotossistema II. Fisiologia Vegetal 130: 2011-2018.

Lewis W.M.Jr. 1986. Interpretação evolutiva das interações aleloquímicas nas algas do fitoplâncton. The American Naturalist 127: 184-194.

Li W.I., Berma F.W., Okino T., Yokokawa F., Shioiri T., Gerwick W.H., Murray T.F. 2001. A antilatoxina é uma toxina de cianobactérias marinhas que ativa potentemente os canais de sódio dependentes de voltagem. Actas da Academia Nacional de Ciências, EUA 98: 7599-7604.

Linington R.G., Edwards D.J., Shuman C.F., McPhail K.L., Matainaho T., Gerwick W.H. 2008. Symplocamide A, uma potente citotoxina e inibidor de quimotripsina da cianobactéria marinha *Symploca* sp. Journal of Natural Products 71: 22-7.

Liu J., Van Rijssel M., Yang W., Peng X., Lu S., Wang Y., Chen J., Wang Z., Qi Y. 2010. Efeitos negativos de *Phaeocystis globosa* nas microalgas. Jornal Chinês de Oceanologia e Limnologia 28: 911-916.

Lowe R.L. 1974. Environmental requirements and pollution tolerance of freshwater diatoms, Nat. Environm. Res. Center Office of Developm. U.S. Environm. Protect. Agency-670/4-74-005, Cincinnati, Ohio, p. 334.

Lucas C.E. 1947. Os efeitos ecológicos dos metabolitos externos. Biological Reviews 22: 270-295.

Lyczkowski E.R., Karp-Boss L. 2014. Efeitos alelopáticos de *Alexandrium fundyense* (Dinophyceae) em *Thalassiosira* cf. *gravida* (Bacillariophyceae): uma questão de tamanho. Journal of Phycology 50: 376-387.

Ma H., Krock B., Tillmann U., Bickmeyer U., Graeve M., Cembella A. 2011. Modo de ação dos compostos líticos disruptivos da membrana do dinoflagelado marinho *A. tamarense*. Toxicon 58: 247-58.

Ma Z.L., Fang T.X., Thring, R.W., Li Y.B., Yu H.G., Zhou Q., Zhao M. 2015. Estirpes tóxicas e não tóxicas de *Microcystis aeruginosa* induzem alelopatia dependente da temperatura para o crescimento e fotossíntese de *Chlorella vulgaris*. Harmful Algae, 48: 21-29.

Machado M.D., Lopes A.R., Soares E.V. 2015. Respostas da alga *Pseudokirchneriella subcapitata* à exposição prolongada ao stress metálico. Journal of Hazardous Materials 296: 82-92.

MacKintosh C., Beattie K.A., Klumpp S., Cohen P., Codd G.A. 1990. Cyanobacterial microcystin-LR is a potent and specific inhibitor of protein phosphatases 1 and 2A from both mammals and higher plants. FEBS Letters 264: 187-192.

Maestrini S.Y., Bonin D.J. 1981. Relações alelopáticas entre espécies de fitoplâncton. Boletim Canadiano de Pescas e Ciências Aquáticas 210: 323-338.

Maestrini S.Y., Graneli E. 1991. Condições ambientais e mecanismos ecofisiológicos que levaram à floração *de Chrysochromulina polylepis* em 1988: uma hipótese. Oceanologica Ata 14: 397-413.

Mallipudi L.R., Gleason F.K. 1989. Caracterização de um mutante de *Anacystis nidulans* R2 resistente ao herbicida natural, cianobacterina. Ciência das Plantas 60: 149154.

Mason C.P., Edwards, K.R., Carlson, R.E., Pignalello, J., Gleason, F.K., Wood, J.M. 1982. Isolamento de um antibiótico contendo cloro da cianobactéria de água doce *Scytonema hofmanni*. Science 215: 400-402.

Maxwell K. 2000. Chlorophyll fluorescence - a practical guide. Journal of Experimental Botany 51: 659-668.

Mazur-Marzec H., Blaszczyk A., Felczykowska A., Hohlfeld N., Kobos J., Torunska-Sitarz A., Devi P., Montalvao S., D'souza L., Tammela P., Mikosik A., Bloch S., Nejman-Falenczyk B., Wcgrzyn G. 2015. Cianobactérias do Báltico - uma fonte de compostos biologicamente activos. Jornal Europeu de Ficologia 50: 343-360.

McClintock J.B., Baker B.J. 2001. Marine Chemical Ecology. Série em Ciências Marinhas. (CRC Press: Londres, Reino Unido).

McLachlan J.L., Marr J.C., Conlon - Keily A., Adamson A. 1994. Efeitos da concentração de azoto e da temperatura fria nas concentrações da toxina DSP no dinoflagelado *Prorocentrum lima* (prorocentrales, dinophyceae). Natural toxins 2: 263-270.

McVeigh I., Brown W.H. 1954. Crescimento in vitro de *Chlamydomonas chlamydogama* Bold e *Haematococeus pluvialis* Flotow em. Wille. em culturas mistas. Bulletin of the Torrey Botanical Club 81: 218-233.

Mendes L.B.B., Vermelho A.B. 2013. Alelopatia como estratégia potencial para melhorar o cultivo de microalgas. Biotecnologia para Biocombustíveis 6: 152.

Mohamed Z.A. 2002. Allelopathic activity of *Spirogyra* sp.: stimulating bloom formation and toxin production by *Oscillatoria agardhii* in some irrigation canals, Egypt. Journal of Plankton Research 24: 137-141.

Molisch H. 1937. Der Einfluss einer Pflanze auf die andere: Allelopathie. Fischer Verlag, Jena.

Moore R.E., Cheuk C., Patterson G.M.L. 1984. Hapalindoles: novos alcalóides da alga azul-verde *Hapalosiphon fontinalis*. Journal of the American Chemical Society 106: 6456-6457.

Moreland D.E. 1980. Mechanisms of action of herbicides (Mecanismos de ação dos herbicidas). Revisão Anual de Biologia Vegetal 31: 597-638.

Myklestad M.M., Ramlo B., Hestmann S. 1995. Demonstração de uma forte interação entre o flagelado *Chrysochromulina polylepis* (Prymnesiophyceae) e uma diatomácea marinha. In: Lassus P., Arzul G., Erard E., Gentien P., Marcaillou C. (eds.). Harmful marine algal blooms. Lavoisier, Intercept Ltd, Hampshire, p. 633-638.

Mynderse J.S., Moore R.E., Kashiwagi M., Norton T.R. 1977. Atividade antileucémica nas Osillatoriaceae: isolamento da debromoaplysiatoxina de *Lyngbya.* Ciência 196: 538-40.

Nakai S., Asaoka S., Okuda T., Nishijima W. 2014. Efeitos ambientais na inibição do crescimento alelopático de uma cianobactéria (*Microcystis aeruginosa*) por uma macrófita submersa (*Myriophyllum spicatum*) e evidências de possíveis mecanismos. - Jornal de Engenharia Química do Japão 47(6): 488-493.

Nassar M.M.I., Hafez S.T., Nagaty I.M., Khalaf S.A.A. 1999. A atividade inseticida de cianobactérias contra quatro insectos, dois de importância médica e duas pragas agrícolas, com referências à ação em ratos albinos. Journal of the Egyptian Society of Parasitology 29: 939-949.

Nielsen T.G., Kiorboe T., Bjornsen P.K., 1990. Efeitos de um Bloom de Subsuperfície *de Chrysochromulina- Polylepis* na Comunidade Plânctonica. Marine Ecology Progress Series 62: 21-35.

Nishizawa T., Asayama M., Fuji K., Harada K., Shirai M. 1999. Análise genética de genes de peptídeo sintetase para um heptapeptídeo cíclico microcistina em *Microcystis* spp. Journal of Biochemistry (Tokyo) 126: 520-529.

Noaman N.H., Fattah A., Khaleafa M., Zaky S.H. 2004. Factores que afectam a atividade antimicrobiana de *Synechococcus leopoliensis*. Investigação Microbiológica 159: 395-402.

O'Neil J.M., Davis, T.W. 2012. Burford, M.A.; Gobler, C.J. The rise of harmful cyanobacteria blooms: the potential roles of eutrophication and climate change. Harmful Algae 14: 313-334.

Patterson G.M.L., Boils C.M. 1995. Regulação da acumulação de scytophycin em culturas de *Scytonema ocellatum* II. Necessidade de nutrientes. Applied Microbiology and Biotechnology 43: 692-700.

Peng J., Shen X., El Sayed K.A., Dunbar D.C., Perry T.L., Wilkins S.P., Hamann M.T. 2003. Produtos naturais marinhos como protótipos de agentes agroquímicos. Journal of Agricultural and Food Chemistry 51: 2246-2252.

Phinney H.K., Mclntire C.D. 1965. Effects of temperature on metabolism of periphyton communities developed in laboratory streams. Limnology and Oceanography 10: 341-344.

Pratt R. 1940. Influence of the size of the inoculum on the growth of *Chlorella vulgaris* in freshly prepared culture medium. American Journal of Botany 27: 52-56.

Pratt D.M. 1966. Competition between *Skeletonema costatum* and *Olisthodiscus luteus* in Narragansett Bay and in culture. Limnology and Oceanography 11: 447455.

Pratt R., Daniels T.C., Eiler J.J., Gunnison J.B., Kumbler W.D., Oneto J.F., Spoehr H.H., Harder G.L., Milner H.W., Smith J.H.C., Strain H.H. 1944. Chlorellin, uma substância antibacteriana de *Chlorella.* Science 99: 351-352.

Prince E.K., Myers T.L., Naar J., Kubanek J. 2008a. O fitoplâncton concorrente prejudica a alelopatia de um dinoflagelado formador de flores. Proceedings of Royal Society B 275: 2733-2741.

Prince E.K., Myers T.L., Kubanek J. 2008b. Efeitos da proliferação de algas nocivas sobre os concorrentes: Mecanismos alelopáticos do dinoflagelado da maré vermelha *Karenia brevis.* Limnology and Oceanography 53: 531-541.

Proctor V.W. 1957. Estudos de antibiose de algas usando *Haematococcus* e *Chlarnydomonas.* Limnology and Oceanography 2: 125-139.

Pushparaj B., Pelosi E., Juttner F. 1999. Análise toxicológica da cianobactéria marinha *Nodularia harveyana*. Journal of Applied Phycology 10: 527-530.

Qian H.F., Yu S.Q., Sun Z.Q., Xie X.C., Liu W.P., Fu Z.W. 2010. Efeitos do sulfato de cobre, peróxido de hidrogénio e N-fenil-2-naftilamina no stress oxidativo e na expressão de genes envolvidos na fotossíntese e na disposição de microcistina em *Microcystis aeruginosa.* Aquatic Toxicology 99: 405-412.

Rao D.R., Thangavel C., Kabilan L., Suguna S., Mani T.R., Shanmugasundaram S. 1999. Propriedades Larvicidas da Cianobactéria *Westiellopsis* sp. contra os Vectores de Mosquitos. Transacções da Sociedade Real de Medicina Tropical e Higiene 93: 232.

Rastogi R.P., Sinha R.P. 2009. Biotechnological and industrial significance of cyanobacterial secondary metabolites (Importância biotecnológica e industrial dos metabolitos secundários de cianobactérias). Biotechnology Advances 27: 521-539.

Ray S., Bagchi S.N. 2001. Os nutrientes e o pH regulam a acumulação de algicidas em culturas da cianobactéria Oscillatoria laetevirens. New Phytologist 149: 455460.

Reich K., Parnaso I. 1962. Effect of illumination on ichthyotoxin in and axenic culture of *Prymnesium parvum* Carter. Journal of Protozoology 9: 38-40.

Reigosa M.J., Sanchez-Moreiras A., Gonzalez L. 1999. Abordagem ecofisiológica em alelopatia. Revisões Críticas em Ciências Vegetais 18: 577-608.

Rengefors K., Legrand C. 2001. Toxicidade em *Peridinium aciculiferum* - uma estratégia adaptativa para competir com outros fitoplânctons de inverno? Limnology and Oceanography 46: 1990-1997.

Ribalet F., Berges J.A., Ianora A., Casotti R. 2007. Inibição do crescimento de fitoplâncton marinho em cultura por aldeídos poli-insaturados derivados de algas tóxicas. Aquatic Toxicology 85: 219-27.

Rice E.L. 1984. Alelopatia. 2a ed. Academic Press, Orlando, Florida, pp. 423.

Rice T.R. 1954. Influências bióticas que afectam o crescimento da população de algas planctónicas. Boletim de pesca. United States Fish and Wildlife Service 54: 227-245.

Rickards R.W., Rothschild J.M., Willis A.C., de Chazal N.M., Kirk J., Kirk K., Saliba K.J., Smith G.D. 1999. Calothrixins A e B, novos metabolitos pentacíclicos de cianobactérias *Calothrix* com atividade potente contra parasitas da malária e células cancerígenas humanas. Tetrahedron 55: 13513-13520.

Rizvi S.J.H., Rizvi V. (eds.) 1992. Allelopathy: Basic and applied aspects. Chapman and Hall, Londres. 480 pp.

Rodriguez-Ramos T., Lorenzo P., Gonzalez L. 2007. Alelopatia marinha: princípios e perspectivas. Thalassas 23: 39-49.

Sakamoto T., Bryant D.A. 1999. O transporte de nitrato e não a fotoinibição limita o crescimento da cianobactéria de água doce *Synechococcus* species PCC 6301 a baixa temperatura. Fisiologia Vegetal 119: 785-794.

Sangthongpitag K., Delaney S.F., Rogers P.L. 1996. Avaliação de quatro cianobactérias unicelulares de água doce como potenciais hospedeiros de toxinas mosquitocidas. Biotechnology Letters 18: 175-180.

Sanz M., Dorr F.A., Pinto E. 2015. Primeiro relatório da produção de spumigin pela cianobactéria tóxica *Sphaerospermopsis torques-reginae*. Toxicon 108: 15-18.

Sarkar R.R., Petrovskii S.V., Biswas M., Gupta A., Chattopadhyay J. 2006. An ecological study of a marine plankton community based on the field data collected from Bay of Bengal. Ecological Modelling 193: 589-601.

Schagerl M., Unterrieder I., Angeler D.G. 2002. Alelopatia entre cianoprocariontes e outras algas originárias do lago Neusiedlersee (Áustria). International Review of Hydrobiology 87: 365-374.

Schlegel I., Doan N.T., de Chazal N., Smith G.D. 1999. Atividade antibiótica de novos isolados de cianobactérias da Austrália e da Ásia contra algas verdes e cianobactérias. Journal of Applied Phycology 10: 471-479.

Schmidt L.E., Hansen P.J. 2001. Alelopatia na prymnesiophyte *Chrysochromulina polylepis:* efeito da concentração celular, fase de crescimento e pH. Marine Ecology Progress Series 216: 67-81.

Sedmak B., Elersek T. 2005. Microcystins indice morphological and physiological changes in selected representative phytoplanktons. Microbial Ecology 50: 298-305.

Sestak Z., Siffel P. 1997. Diferenças na fluorescência da clorofila relacionadas com a idade da folha. Photosynthetica 33: 347-369.

Shao J., Wua Z., Yu G., Peng X., Li R. 2009. Mecanismo alelopático do pirogalol para *Microcystis aeruginosa* PCC7806 (Cyanobacteria): Do ponto de vista da expressão genética e do sistema antioxidante. Chemosphere 75: 924-928.

Sharp J.H., Underhill P.A., Hughes D. 1979. Interação (alelopatia) entre diatomáceas marinhas: *Thalassiosira pseudonana* e *Phaeodactylum tricornutum.* Journal of Phycology 15: 53-362.

Shilo M. 1967. Formação e modo de ação da toxina de algas. Bacteriological Reviews 31: 180-193.

Shilo M. 1971. Toxinas de Chrysophyceae. In: Kadis S., Ciegler A., Ajl S.J. (eds.). Microbial toxins. Algal and fungal toxins, Vol 7. Academic Press, Nova Iorque, p. 67103.

Shimizu Y. 2003. Microalgal Microalgal metabolites. Opinião atual em microbiologia 6: 236-243.

Sieburth J. M. 1960. Acrylic acid, an" antibiotic" principle in *Phaeocystis* blooms in Antarctic waters. Science 132: 676-677.

Sielaff H., Dittmann E., Tandeau D.M., Bouchier C., von Dohren H., Borner T. 2003. O gene mcyF do grupo de genes biossintéticos da microcistina de *Microcystis aeruginosa* codifica uma racemasa de aspartato. Biochemical Journal 373: 909-916.

Simmons T.L., Andrianasolo E., McPhail K., Flatt P., Gerwick W.H. 2005. Produtos naturais marinhos como fármacos anticancerígenos. Molecular Cancer Therapeutics 4: 333-342.

Singh D.P., Tyagi M.B., Kumar A, Thakur J.K. 2001. Atividade antialgal de uma cianobactéria produtora de hepatotoxinas, *Microcystis aeruginosa.* Jornal Mundial de Microbiologia e Biotecnologia 17: 15-22.

Sivonen K. 1990. Effects of light, temperature, nitrate, orthophosphate and bacteria on growth of and hepatotxin production by *Oscillatoria agardhii* strains. Applied and Environmental Microbiology 56: 2658-2666.

Sivonen K., Himberg K., Luukkainen R., Niemela S.I., Poon G.K., Codd G.A. 1989a. Preliminary characterization of neurotoxic cyanobacteria blooms and strains from Finland. Toxicity assessment 4: 339-352.

Sivonen K., Kononen K., Carmichael W.W., Dahlem A.M., Rinehart K.L., Kiviranta J., Niemela S.I. 1989b. Ocorrência da cianobactéria hepatotóxica *Nodularia spumigena* no Mar Báltico e estrutura da toxina. Applied and Environmental Microbiology 55: 1990-1995.

Skulberg O.M. 2000. Microalgas como fonte de produtos químicos bioactivos - experiência da investigação sobre cianófitas. Journal of Applied Phycology 12: 341-348.

Smayda T.J. 1997. Harmful algal blooms: their ecophysiology and general relevance to phytoplankton blooms in the sea. Limnology and Oceanography 42: 1137-1153.

Smayda T.J. 2004. Eutrofização e fitoplâncton. In: Wassmann P. Olli K. (eds.). Integrated approaches to drainage basin nutrient inputs and coastal eutrophication. Livro eletrónico (ficheiro pdf na página web: http://www.ut.ee/_olli/eutr/), pp. 89-98.

Smith G.D, Doan D.T. 1999. Metabolitos de cianobactérias com bioatividade contra a fotossíntese em cianobactérias, algas e plantas superiores. Journal of Applied Phycology 11: 337-344.

Sodaeizadeh H., Hosseini Z. 2012. Alelopatia e método ambientalmente amigável para o controle de ervas daninhas. Na Conferência Internacional sobre Ciências da Vida Aplicadas (ICALS) 1012 de setembro de 2012. Turquia: In tech.

Sole J., Garcia-Ladona E., Ruardij P., Estrada M. 2005. Modelação da alelopatia entre algas marinhas. Ecological Modelling 183: 373-384.

Song H., Lavoie M., Fan X., Tan H., Liu G., Xu P., Fu Z., Paerl H.W., Qian H. 2017. As interações alelopáticas do ácido linoleico e do óxido nítrico aumentam a capacidade competitiva de *Microcystis aeruginosa.* The ISME Journal 11: 1865-1876.

Srivastava A., Juttner F., Strasser R.J. 1998. Action of the Allelochemical, Fischerellin A, on Photosystem II. Biochimica et Biophysica Ata 1364: 326-336.

Suresh Kumar K., Dahms H.U., Lee J.S., Kim H.C., Lee W.C., Shin K.H. 2014. Respostas fotossintéticas de algas a metais tóxicos e herbicidas avaliadas pela fluorescência da clorofila *a*. Ecotoxicologia e Segurança Ambiental 104C: 51-71.

Suikkanen S., Fistarol G.O., Graneli E. 2004. Efeitos alelopáticos das cianobactérias do Báltico *Nodularia spumigena, Aphanizomenon flos-aquae* e *Anabaena lemmermannii* em monoculturas de algas. Journal of Experimental Marine Biology and Ecology 308: 85-101.

Suikkanen S., Fistarol G.O., Graneli E. 2005. Effects of cyanobacterial allelochemicals on a natural plankton community. Marine Ecology Progress Series 287: 1-9.

Suikkanen S., Engstrom-Ost J., Jokela J., Sivonen K., Viitasalo M. 2006. Allelopathy of Baltic Sea cyanobacteria: no evidence for the role of nodularin. Journal of Plankton Research 28: 543-550.

Suikkanen S. 2008. Efeitos alelopáticos de cianobactérias filamentosas sobre o fitoplâncton no Mar Báltico. Tese de doutoramento. Instituto Finlandês de Investigação Marinha, Finlândia.

Sukenik A., Eskhol R., Livne A., Hadas O., Rom M., Tchernov D., Vardi A., Kaplan A. 2002. Inibição do crescimento e da fotossíntese do dinoflagelado *Peridinium gatunense* por *Microcystis* sp. (cianobactérias): um novo mecanismo alelopático. Limnology and Oceanography 47: 1656-1663.

Swift S., Bainton N.J., Winson M.K. 1994. Comunicação bacteriana Gram-negativa por N-acil homoserina lactonas: uma linguagem universal? Tendências em Microbiologia 2: 193-198.

Sliwinska-Wilczewska S., Pniewski F., Latala A. 2016. Atividade alelopática da picocyanobacterium *Synechococcus* sp. sob condições variadas de luz, temperatura e salinidade. Revisão Internacional de Hidrobiologia 101, 69-77.

Sliwinska-Wilczewska S., Maculewicz J., Barreiro Felpeto A., Vasconcelos V., Latala A. 2017a. Atividade alelopática da picocyanobacterium *Synechococcus* sp. sobre cianobactérias filamentosas. Journal of Experimental Marine Biology and Ecology 496: 16-21.

Sliwinska-Wilczewska S., Maculewicz J., Tuszer J., Dobosz K., Kalusa D., Latala A. 2017b. Primeiro registo de atividade alelopática da picocyanobacterium *Synechococcus* sp. numa comunidade natural de plâncton. Ecohydrology & Hydrobiology 17: 227-234.

Takamo K., Igarashi S., Mikami H., Hino S. 2003. Causas da simultaneidade de reversão da biomassa de diatomáceas e da densidade de *Phormidium tenue* durante a estação quente no lago eutrófico Barato, Japão. Limnology 4: 73-78.

Tameishi M., Yamasaki Y., Nagasoe S., Shimasaki Y., Oshima Y., Honjo T. 2009. Efeitos alelopáticos da dinófita *Prorocentrum minimum* no crescimento da bacilariófita *Skeletonema costatum*. Harmful Algae 8: 421-429.

Tan L.T. 2007. Produtos naturais bioactivos de cianobactérias marinhas para a descoberta de medicamentos. Phytochemistry 68: 954-979.

Tang C.S., Cai W.F., Kohl K., Nishimoto R.K. 1995. Stress das plantas e alelopatia. In: Inderjit K.M., Dakshini M., Einhellig F.A. (eds.). Allelopathy: Organisms, Processes and Applications, American Chemical Society, Ames, IA, U.S.A. 582: 142-157.

Thajuddin N., Subramanian G. 2005. Cyanobacterial biodiversity and potential applications in biotechnology. Ciência Atual 89: 47-57.

Tillmann U. 2003. Matar e comer o predador: uma estratégia vencedora do flagelado planctónico *Prymnesium parvum.* Aquatic Microbial Ecology 32: 73-84.

Tillmann U., John U. 2002. Toxic effects of *Alexandrium* spp. on heterotrophic dinoflagellates: an allelochemical defence mechanism independent of PSP-toxin content. Marine Ecology Progress Series 230: 47-58.

Tillmann U., Hansen P. 2009. Efeitos alelopáticos de *Alexandrium tamarense* noutras algas: provas de experiências de crescimento misto. Aquatic Microbial Ecology 57: 101-112.

Tillmann U., John U., Cembella A. 2007. On the allelochemical potency of the marine dinoflagellate *Alexandrium ostenfeldii* against heterotrophic and autotrophic protists. Journal of Plankton Research 29: 527-543.

Todorova A.K., Juttner F. 1995. Nostocyclamide: Um novo aleloquímico macrocíclico, contendo tiazol, de *Nostoc* sp. 31. Journal of Organic Chemistry 60: 7891-7895.

Turner J.T., Tester P.A. 1997. Toxic marine phytoplankton, zooplankton grazers, and pelagic food webs. Limnology and Oceanography 42: 1203-1213.

Uchida T. 2001. The role of cell contact in the life cycle of some dinoflagellate species. Journal of Plankton Research 23: 889-891.

Ulitzur S., Shilo M. 1964. Um sistema de ensaio sensível para a determinação da ictiotoxicidade de *Prymnesium parvum*. Jornal de microbiologia geral 36: 161-169.

Valdor R., Aboal M. 2007. Efeitos de cianobactérias vivas, extractos de cianobactérias e microcistinas puras no crescimento e ultra-estrutura de microalgas e bactérias. Toxicon 49: 769-779.

van Rijssel M., Alderkamp A.C., Nejstgaard J.C., Sazhin A.F. Verity P.G. 2007. Haemolytic activity of live *Phaeocystis pouchetii* during mesocosm blooms. Biogeochemistry 83: 189-200.

Vardi A., Schatz D., Beeri K., Motro U., Sukenik A., Levine A., Kaplan A. 2002. Dinoflagellate-cyanobacterium communication may determine the composition of phytoplankton assemblage in a mesotrophic lake. Current Biology 12: 1767-1772.

Vazquez-Martinez M.G., Rodriguez M.H., Arrendondo-Jimenez J.I., Mendez-Sanchez J.D., Bond-Compean J.G., Gold-Morgan M. 2002. Cianobactérias Associadas a Habitats Larvais *de Anopheles albimanus* (Dipter: Culcidae) no Sul do México. Journal of Medical Entomology 39: 825-832.

Vepritskii A.A., Gromov B.V., Titota N.N., Mamkaeva K.A. 1991. Produção do antibiótico-algicida Cyanobacterin LU-2 por uma cianobactéria filamentosa *Nostoc* sp. Mikrobiologia 60: 21-25.

Vezie C., Brient L., Sivonen K., Bertru G., Lefeuvre J.C., Salkinoja-Salonen M. 1998. Variação do teor de microcistina de florescências de cianobactérias e estirpes isoladas no lago Grand-Lieu (França). Microbial Ecology 35: 126-135.

von Elert E., Juttner F. 1997. A limitação de fósforo e não a luz controla a libertação extracelular de compostos alelopáticos por *Trichormus doliolum* (Cyanobacteria). Limnology and Oceanography 42: 1796-1802.

Wang L., Zi J., Xu R., Hilt S., Hou X., Chang X. 2017. Efeitos alelopáticos de *Microcystis aeruginosa* em algas verdes e uma diatomácea: Evidências da adição de exsudatos e co-culturas. Algas nocivas 61: 56-62.

Wasmund N., Uhlig S. 2003. Phytoplankton trends in the Baltic Sea (Tendências do fitoplâncton no Mar Báltico). ICES Journal of Marine Science 60: 177-186.

Watanabe M.F., Oishi S., Watanabe Y., Watanabe M. 1986. Forte probabilidade de toxicidade letal na alga azul-verde *Microcystis viridis* Lemmermann. Journal of Phycology 22: 552-556.

Weissbach A., Tillmann U., Legrand C. 2010. Potencial alelopático do dinoflagelado *Alexandrium tamarense* nas comunidades microbianas marinhas. Harmful Algae 10: 9-18.

Whitton B.A. 1985. Biological monitoring of heavy metals in flowing waters. Simpósio sobre Biomonitoing State Environment, Nova Deli, 11-13 de outubro de 1984, Academia Nacional de Ciências da Índia.

Whitton B.A. 2008. Diversidade de cianobactérias em relação ao ambiente. In: Evangelista V.L.B., Frassanito A.M., Passarelli V., Gualtieri P. (eds.). Algal Toxins: Nature, Occurrence, Effect and Detection. Springer, Países Baixos, pp. 17-43.

Whitton B.A., Potts M. 2012. Introdução às cianobactérias. In: Ecology of Cyanobacteria II. Springer Netherlands. P. 1-13.

Whitton B.A., Dias B.M. 1980. Química e plantas de riachos e rios com zinco elevado. Trace Substances in Environmental Health 14: 457-462.

Wiegand C., Pflugmacher S. 2005. Efeitos ecotoxicológicos de metabolitos secundários de cianobactérias selecionadas - uma breve revisão. Toxicologia e Farmacologia Aplicada 203: 201-218.

Winder J.S., Canneli R.J.P., Walker J.M., Delbarre S., Francisco C., Farmer P.B. 1989. Inibidores de glicosidase de algas. The Biochemical Society 1989: 1030-1031.

Windust A.J., Quilliam M.A., Wright J.L.C., McLachlan J.L. 1997. Toxicidade comparativa dos venenos diarreicos para crustáceos e moluscos, ácido ocadaico, diol-éster do ácido ocadaico e dinophysistoxin-4, para a diatomácea *Thalassiosira weissflogii.* Toxicon 35: 1591-1603.

Wolfe G.V. 2000. A ecologia da defesa química do plâncton unicelular marinho: Restrições, mecanismos e impactos. Biological Bulletin 198: 225-244.

Yamasaki Y., Nagasoe S., Matsubara T., Shikata T., Shimasaki Y., Oshima Y., Honjo T. 2007. Interações alelopáticas entre a bacillariophyte *Skeletonema costatum* e a raphidophyte *Heterosigma akashiwo.* Marine Ecology Progress Series 339: 83-92.

Zak A., Musiewicz K., Kosakowska A. 2012. Atividade alelopática das cianobactérias do Báltico contra microalgas. Ciência Estuarina, Costeira e das Prateleiras 112: 4-10.

Zak A., Kosakowska A. 2015. A influência de compostos extracelulares produzidos por cianobactérias, diatomáceas e dinoflagelados do Báltico selecionados no crescimento de algas verdes *Chlorella vulgaris.* Ciência Estuarina, Costeira e da Plataforma 167: 113-118.

Printed by Books on Demand GmbH, Norderstedt / Germany